Recolección de agua de lluvia

Una guía sostenible para recolectar, almacenar y utilizar el don de la naturaleza para la conservación del agua y la autosuficiencia

Tabla de contenidos

Introducción

En un mundo en el que el agua es un bien cada vez más preciado, imagina una solución que conserve este recurso vital y transforme una ducha de lluvia mundana en un salvavidas sostenible para tu hogar y jardín. Bienvenido al cautivador reino de "Recolectar agua de lluvia".

Una aventura acuática

Llegará un día en el que ya no estará a merced de su factura de agua, su jardín prosperará sin engullir galones del grifo y no se quedará seco durante las sequías. Este libro es tu boleto a un país de las maravillas acuáticas donde la lluvia se convierte en una compañera en tu viaje hacia la sostenibilidad.

Propósito desvelado

El objetivo principal de "Recolectar agua de lluvia" es empoderarlo con el conocimiento y las habilidades para aprovechar el increíble potencial del agua de lluvia. Más que un recurso, el agua de lluvia es una solución, y este libro es su hoja de ruta para liberar todo su potencial. No se trata solo de la conservación del agua, sino de un cambio de estilo de vida hacia la autosuficiencia, el respeto al medio ambiente y una conexión más profunda con la naturaleza.

¿Por qué se destaca este libro?

¿Qué diferencia a esta guía del resto en el mercado? En pocas palabras, está diseñada pensando en ti. No hay jerga complicada ni diagramas intrincados que te hagan girar la cabeza. Este libro es tu amable vecino, que te invita a charlar sobre la lluvia, los barriles y la vida sostenible.

- **Fácil de entender:** Olvídate de los tecnicismos desconcertantes. Este libro desglosa el proceso de recolección de agua de lluvia en capítulos fáciles de digerir. No necesitas un título de ingeniería para entender los conceptos que aquí se presentan.

- **Ideal para principiantes**: Tanto si eres un entusiasta de la jardinería como si eres alguien que acaba de sumergirse en la piscina de la sostenibilidad, este libro es el punto de partida perfecto. No supone conocimientos previos. Te guía desde lo básico hasta lo más complicado para convertirte en un maestro de la recolección de agua de lluvia.

- **Métodos e instrucciones prácticas**: Este no es un libro de texto teórico. Es un manual práctico. Sumérgete en instrucciones prácticas paso a paso que convierten la teoría en acción. En el momento en que lo deje, estará listo para implementar su sistema de recolección de agua de lluvia con confianza.

- **Atractivo y accesible**: ¿Los manuales complicados acumulan polvo en su estante? Este no se unirá a ellos. "Recolectar agua de lluvia" es un libro escrito en un estilo atractivo, humorístico y accesible.

Dile adiós a los problemas del agua y únete al movimiento hacia un futuro más sostenible. Este libro es la clave para un mañana más verde y autosuficiente. Por lo tanto, sumérgete en las páginas de "Recolectar agua de lluvia" y deja que comience la revolución del agua. Tu jardín, tu cartera y el planeta te lo agradecerán.

Capítulo 1: Conceptos básicos de la recolección de agua de lluvia

El agua de lluvia ha jugado un papel vital a lo largo de la historia de la humanidad. Desde las civilizaciones antiguas hasta el presente consciente del medio ambiente, la recolección de agua de lluvia se ha entretejido en el tejido de la vida sostenible. En este capítulo, repasarás los conceptos fundamentales de la recolección de agua de lluvia. Rastrearás sus raíces en la historia, comprenderás su significado moderno y explorarás su lugar dentro de la intrincada red del ciclo natural del agua.

El agua de lluvia ha jugado un papel vital a lo largo de la historia de la humanidad
https://www.pexels.com/photo/raindrops-1529360/

Contexto histórico de la captación de agua de lluvia

La lluvia, la danza eterna de las gotas de los cielos, ha sido una compañera eterna para la humanidad. En la intrincada coreografía de la naturaleza, el agua de lluvia ha sido más que un visitante fugaz. Es un recurso atemporal que las primeras civilizaciones, con su profundo conocimiento del medio ambiente, aprovecharon ingeniosamente para sobrevivir. Prepárate para viajar en el tiempo para explorar el contexto histórico de la recolección de agua de lluvia y ser testigo de la evolución de las técnicas que han dado forma a esta práctica.

Desvelando el ingenio de los nabateos

Los nabateos, habitantes de la antigua ciudad de Petra, eran verdaderos maestros de la recolección de agua de lluvia. Situados en el corazón de un desierto, su supervivencia dependía de su capacidad para aprovechar al máximo cada preciosa gota de lluvia. Los ingeniosos jardines de lluvia de Petra fueron un testimonio de su avanzada comprensión del flujo y la conservación del agua.

Talladas en la piedra arenisca de color rojo rosado, las presas y cisternas nabateas formaban una intrincada red diseñada para capturar y dirigir el agua de lluvia. Estas estructuras no eran solo utilitarias. Eran una combinación de funcionalidad y arte. Los nabateos esculpieron su entorno para armonizar con las lluvias esporádicas pero vivificantes, mostrando un nivel de ingenio que todavía cautiva a las mentes modernas.

Su enfoque fue proactivo. No esperaron a que la escasez de agua forzara la innovación, anticipándose a las necesidades de su comunidad y diseñando soluciones para una prosperidad sostenida. El legado de los nabateos sirve como recordatorio de que, incluso en los entornos más duros, los seres humanos tienen el potencial de transformar los desafíos en oportunidades.

Sabiduría griega en la cuenca de la azotea

Los griegos, reconocidos por sus contribuciones a la filosofía y la ciencia, también reconocieron el valor del agua de lluvia. En una sociedad que estimaba la sabiduría, implementaron sofisticados sistemas de captación en los techos para capturar y canalizar la lluvia hacia los recipientes de almacenamiento.

Los griegos entendían que la lluvia era una fuente de vida. Los sistemas de captación de los tejados, que a menudo se ven junto con la arquitectura de las antiguas casas griegas, eran una manifestación práctica de su reverencia por el agua. Al recolectar agua de lluvia, los griegos aseguraron un suministro confiable para uso doméstico y agrícola.

Esta integración armoniosa de practicidad y filosofía reflejaba un enfoque holístico de la vida en concierto con la naturaleza. Los griegos, en su búsqueda del conocimiento, reconocieron la interconexión de la vida humana con el medio ambiente. La sabiduría de los sistemas de captación en los tejados no fue solo un logro tecnológico. Fue una manifestación de una comprensión más profunda de la relación simbiótica entre la humanidad y los elementos.

El brillo hidráulico de Mohenjo-Daro

La antigua ciudad de Mohenjo-Daro, enclavada en las fértiles llanuras del valle del Indo, muestra otro capítulo en la saga histórica de la recolección de agua de lluvia. Los habitantes de esta civilización avanzada fueron pioneros en la elaboración de intrincados sistemas de canales y embalses para aprovechar las lluvias monzónicas.

La gestión estratégica del agua de Mohenjo-Daro no se limitaba a sobrevivir, sino a prosperar. Los canales y embalses eran sistemas cuidadosamente planificados y diseñados que sostenían las actividades agrícolas. La brillantez de Mohenjo-Daro radicaba en el diseño arquitectónico de la ciudad y la previsión de aprovechar la abundancia estacional de lluvia para la prosperidad a largo plazo.

Los avanzados sistemas hidráulicos de la ciudad eran un testimonio de la destreza organizativa y de ingeniería de una civilización que florecía en armonía con su entorno. Las lecciones prácticas de Mohenjo-Daro trascienden el tiempo, recordándole que la gestión sostenible del agua no es un concepto moderno, sino una sabiduría milenaria arraigada en la historia humana compartida.

Maestría romana: Acueductos y aljibes

Los romanos, sinónimo de maravillas de la ingeniería, elevaron la recolección de agua de lluvia a una forma de arte. La grandeza de sus acueductos y cisternas suministraba agua para uso doméstico y desempeñó un papel crucial en el sostenimiento del extenso Imperio romano.

Con sus impresionantes arcos que se extendían a través de paisajes, los acueductos eran hazañas de ingeniería que transportaban agua a grandes distancias. Las cisternas, ubicadas estratégicamente dentro de las ciudades y fincas, almacenaban el agua de lluvia para los momentos de necesidad. Los romanos reconocieron que el agua de lluvia era un activo estratégico que podía gestionarse a gran escala.

La maestría de los romanos se extendió más allá de las conquistas. Abarca la utilización cuidadosa de los recursos naturales. Sus acueductos y cisternas eran conductos de sostenibilidad y aseguraban un suministro de agua estable para una civilización floreciente. El legado de la recolección romana de agua de lluvia es un testimonio del impacto duradero de la gestión ambiental con visión de futuro.

Evolución en la Edad Media

A medida que se desarrollaba el período medieval, los monasterios se convirtieron en centros de innovación en la gestión del agua. Vastos sistemas de techos recolectaban agua de lluvia, atendiendo las necesidades agrícolas y domésticas. Los monjes, a menudo custodios del conocimiento y la sabiduría, reconocían el valor del agua de lluvia para el sustento y el bienestar espiritual y comunitario de sus sociedades.

En la tradición monástica, la recolección de agua de lluvia pasó de ser una necesidad práctica a una práctica espiritual. Los monasterios a menudo presentaban intrincados sistemas de canaletas y bajantes que dirigían el agua de lluvia a las instalaciones de almacenamiento. El agua de lluvia recolectada, considerada pura e inmaculada, se utilizaba para diversos fines, incluida la elaboración de cerveza y preparaciones medicinales.

El enfoque monástico de la recolección de agua de lluvia refleja una profunda comprensión de la interconexión del bienestar físico y espiritual. Más que sobrevivir, se trataba de una vida holística. Los ecos de la recolección medieval de agua de lluvia resuenan en los tranquilos patios de los monasterios, donde la práctica atemporal se fusionó con una apreciación más profunda de la santidad del agua.

Refinamiento renacentista

El período del Renacimiento fue testigo de un refinamiento de los sistemas de recolección de agua de lluvia. Diseños elaborados adornaban las propiedades de los ricos, reflejando un enfoque práctico para la conservación del agua y una integración estética de funcionalidad y belleza. La grandeza de estos sistemas reflejaba las aspiraciones culturales y artísticas de la época.

A medida que se desarrollaba el Renacimiento, un renovado interés en el conocimiento clásico y una celebración del potencial humano estimularon los avances en varios campos. En el ámbito de la recolección de agua de lluvia, esta época vio la fusión de sensibilidades artísticas con la utilidad práctica. Las estructuras de los tejados se volvieron ornamentadas, con intrincadas tallas y diseños que transformaban los elementos funcionales en obras de arte.

El refinamiento de la recolección de agua de lluvia durante el Renacimiento fue una expresión cultural. Las propiedades de los ricos se convirtieron en escaparates tanto de destreza tecnológica como de ingenio artístico. La convergencia de la belleza y la utilidad en los sistemas de recolección de agua de lluvia reflejaba el espíritu renacentista más amplio. Era una época en la que se celebraban los logros humanos y todas sus facetas.

Resurgimiento en la Edad Moderna

Avanza rápidamente hasta el presente y te encontrarás lidiando con los desafíos de un clima que cambia rápidamente. La sabiduría ancestral, sin embargo, no ha sido olvidada. Hay un resurgimiento del interés en estas prácticas ancestrales a medida que las sociedades modernas buscan soluciones sostenibles a los problemas contemporáneos. Los ecos de los jardines de lluvia, las cuencas de los tejados y los acueductos de siglos pasados resuenan a medida que los humanos exploran formas de armonizar las necesidades con el medio ambiente.

En una era marcada por los avances tecnológicos y una creciente conciencia de las preocupaciones ambientales, los principios de la recolección de agua de lluvia están experimentando un renacimiento. La escasez de agua, el cambio climático y el aumento de la urbanización han provocado una revisión de prácticas ancestrales que resistieron la prueba del tiempo.

El resurgimiento del interés no es simplemente una mirada nostálgica hacia atrás. Es una respuesta estratégica a los problemas contemporáneos. La recolección de agua de lluvia, que alguna vez fue una necesidad nacida de la supervivencia, ahora es una opción. Es una decisión informada adoptar prácticas hídricas sostenibles. Las técnicas ancestrales que permitieron que las civilizaciones florecieran en diversos entornos se están convirtiendo en luces guía en la búsqueda de comunidades resilientes y conscientes del agua.

Reviviendo la sabiduría antigua

El contexto histórico de la recolección de agua de lluvia es un excelente ejemplo del ingenio humano y el cuidado del medio ambiente. Las lecciones de los nabateos, los griegos, la civilización del valle del Indo y los romanos no son reliquias de una época pasada, sino faros que te guían hacia un futuro más sostenible.

En tu búsqueda para abordar la escasez de agua y los desafíos ambientales, puedes inspirarte en la evolución de las técnicas de recolección de agua de lluvia. Los mismos principios que permitieron a las civilizaciones antiguas prosperar en diversos paisajes informan los esfuerzos contemporáneos para construir comunidades resilientes y conscientes del agua.

A medida que la humanidad se encuentra en la encrucijada de la historia y el progreso, el resurgimiento del interés en la recolección de agua de lluvia representa más que un guiño a la tradición. Es una elección consciente de abrazar la sabiduría del pasado para dar forma a un futuro sostenible y con seguridad hídrica. Las gotitas que cayeron sobre las civilizaciones antiguas continúan resonando a través del tiempo. Te invitan a aprovechar el oro líquido de los cielos para el bienestar de este planeta y de las generaciones venideras.

El ímpetu moderno

En la narrativa del siglo XXI, el mundo se encuentra al borde de una crisis hídrica. A medida que aumenta la población, los paisajes urbanos se expanden y los efectos caprichosos del cambio climático se manifiestan con las fuentes de agua tradicionales que se esfuerzan bajo presión. En esta era de incertidumbre, la recolección de agua de lluvia emerge como un faro de esperanza. Es una solución sostenible que ofrece una alternativa fiable a los suministros de agua convencionales.

Disminución de los recursos hídricos

La escasez de agua se cierne sobre el horizonte en una era marcada por la urbanización implacable y el crecimiento de la población mundial. Las fuentes de agua tradicionales, como los ríos y los acuíferos, se enfrentan a un estrés desconocido hasta ahora. La demanda de agua ha aumentado a niveles sin precedentes, impulsada por las necesidades de las industrias, la agricultura y los crecientes asentamientos urbanos. A medida que estas fuentes tradicionales se esfuerzan por satisfacer la demanda, la crisis hídrica requiere alternativas innovadoras y sostenibles.

La importancia de la recolección de agua de lluvia:

- **Sostenibilidad**: La captación de agua de lluvia ofrece una alternativa sostenible a los reservorios de agua tradicionales sobreexplotados.

- **Fuente reabastecible:** El agua de lluvia es una fuente reabastecible que alivia la carga del agotamiento de los recursos hídricos.

- **Conservación de las aguas subterráneas**: Al capturar el agua de lluvia, contribuye a conservar las valiosas reservas de aguas subterráneas y superficiales.

Responsabilidad Ambiental

El ímpetu moderno para la recolección de agua de lluvia se extiende más allá de una respuesta a la escasez de agua. Se alinea con la creciente ola de responsabilidad ambiental que se extiende a través de individuos y comunidades. A medida que se profundiza la conciencia sobre los problemas ecológicos, las personas buscan formas tangibles de reducir su huella ecológica. La recolección de agua de lluvia surge como una solución tangible e impactante, que presenta una oportunidad para conservar los recursos hídricos y minimizar el impacto ambiental asociado con los métodos tradicionales de extracción de agua.

El impacto ambiental de la recolección de agua de lluvia:

- **Reducción de la huella ecológica**: La recolección de agua de lluvia reduce la dependencia de las fuentes de agua tradicionales, minimizando el impacto ambiental de la extracción de agua.

- **Preservación de los ecosistemas naturales:** Cada gota recolectada preserva los ecosistemas naturales, manteniendo los ríos intactos, los acuíferos recargados naturalmente y los hábitats acuáticos en equilibrio.

- **Contribución consciente**: Elegir la recolección de agua de lluvia es una contribución consciente a la sostenibilidad más amplia del planeta.

Autosuficiencia

El deseo de autosuficiencia actúa como un poderoso motivador, lo que impulsa a muchos a explorar el ámbito de la recolección de agua de lluvia. Al captar el agua de lluvia en sus instalaciones, las personas obtienen un grado de independencia de los suministros de agua municipales. Esta nueva autonomía ofrece una fuente de agua fiable y contribuye a reducir la carga de los sistemas centralizados de distribución de agua.

Autosuficiencia a través de la captación de agua de lluvia:

- **Autonomía de los suministros municipales**: La recolección de agua de lluvia proporciona a las personas una fuente de agua confiable, lo que reduce la dependencia de los suministros municipales.

- **Independencia agrícola:** El agua de lluvia se convierte en un activo valioso en la agricultura, fomentando la autosuficiencia en el cuidado de los cultivos y el mantenimiento del ganado.

- **Resiliencia comunitaria:** El espíritu de autosuficiencia se extiende a comunidades enteras, reduciendo la dependencia de fuentes de agua externas y fomentando una forma de vida más sostenible y resiliente.

Un enfoque holístico de la seguridad hídrica

El ímpetu moderno para la recolección de agua de lluvia es multifacético, abordando las preocupaciones inmediatas de escasez de agua y adoptando la responsabilidad ambiental en la búsqueda de la autosuficiencia. A medida que navegas por las complejidades del siglo XXI, la recolección de agua de lluvia emerge como una solución tecnológica y un enfoque holístico para la seguridad hídrica. Este enfoque armoniza con el medio ambiente, preserva los ecosistemas naturales y empodera a las personas y comunidades para que se hagan cargo de su futuro hídrico.

La visión holística de la captación de agua de lluvia:

- **Armonizar con el medio ambiente**: La captación de agua de lluvia armoniza con el medio ambiente, preservando los ecosistemas naturales y contribuyendo a la sostenibilidad y preservación del planeta.

- **Empoderar a las personas y las comunidades**: Al elegir la recolección de agua de lluvia, las personas y las comunidades avanzan hacia un mundo más sostenible y con seguridad hídrica.

- **Un mañana próspero:** El agua de lluvia se convierte en una fuente de empoderamiento, fomentando una conexión entre la humanidad y la naturaleza, dando forma a un mañana próspero y respetuoso con el agua.

El agua de lluvia en el ciclo natural del agua

Para apreciar realmente el arte de la recolección de agua de lluvia, primero debes sumergirte en el proceso poético del ciclo natural del agua. Esta intrincada coreografía se desarrolla con el tierno abrazo del sol, persuadiendo a la humedad de los océanos, lagos y ríos hacia el cielo a través del encantador proceso de evaporación.

La danza de las gotas

El viaje del agua de lluvia comienza en las alturas, donde el calor del sol se convierte en un catalizador para la transformación. Los océanos, lagos y ríos entregan su esencia líquida al cielo, elevándose como vapor de agua invisible. A medida que el vapor de agua asciende, se funde con las nubes. Esta confusa colaboración es un testimonio del arte de la naturaleza, un preludio de la gran actuación que te espera.

Las nubes se juntan y se dispersan, llevando la promesa de una lluvia vivificante. El proceso continúa a medida que estas nubes tejen patrones intrincados influenciados por las corrientes atmosféricas y las variaciones de temperatura. Cuando las condiciones se alinean, las nubes liberan la humedad acumulada en una cascada de lluvia. ¿No es un espectáculo sublime el que sostiene la vida en la Tierra?

Colaboración en la nube

Esta colaboración alcanza su punto álgido cuando las nubes liberan su carga acuosa en forma de gotas. La lluvia es un acto fundamental en el sistema de reciclaje de la naturaleza. Las gotas de lluvia descienden a la tierra, refrescando la tierra, reabasteciendo los ríos y rellenando los acuíferos.

La tierra saturada de lluvia se convierte en un escenario para la renovación de la vida. Las semillas brotan, los ríos fluyen y los ecosistemas florecen en respuesta. El viaje de la lluvia, sin embargo, está lejos de terminar. Su impacto resuena en un ciclo continuo, sosteniendo la vida y manteniendo el delicado equilibrio de este planeta.

Las gotas de lluvia en las hojas y el suelo limpian la atmósfera y eliminan el polvo y los contaminantes. La fragancia terrosa que surge cuando la lluvia se encuentra con la tierra seca es un testimonio de esta danza purificadora. El mero hecho de que la lluvia caiga al suelo es la forma que tiene la naturaleza de rejuvenecer y purificar el medio ambiente.

La resiliencia del agua de lluvia

A diferencia del agua de fuentes tradicionales, el agua de lluvia tiene una simplicidad que la convierte en una alternativa atractiva para diversos fines. Su suavidad innata lo hace ideal para nutrir plantas, mientras que su falta de contenido mineral lo hace preferible para ciertos usos domésticos.

El viaje del cielo a la tierra impregna el agua de lluvia de un carácter único. A medida que desciende, actúa como purificador de la naturaleza, limpiándose de las impurezas adquiridas durante su viaje. Esta resistencia y pureza innatas hacen del agua de lluvia un recurso versátil. Es un lienzo líquido que espera el ingenio humano para pintar su propósito.

La propia composición del agua de lluvia, con su falta de contenido mineral y bajos niveles de sólidos disueltos, la distingue de otras fuentes de agua. Esta pureza la hace apta para riego y uso doméstico. Su pureza también la posiciona como una fuente ideal para ciertas aplicaciones industriales.

El agua de lluvia, al estar libre de las impurezas que se encuentran en las aguas subterráneas o superficiales, reduce la necesidad de complejos procesos de filtración. Esta simplicidad en la composición mejora su usabilidad, al tiempo que reduce la energía y los recursos necesarios para que sea utilizable para diversos fines.

El cociente de sostenibilidad

La recolección de agua de lluvia no se trata solo de la intervención humana. Es una integración armoniosa en esta sinfonía natural. La recolección de agua de lluvia le permite participar activamente en el ciclo sin alterar su delicado equilibrio. Es una opción sostenible que reconoce la interconexión de todos los elementos en el teatro ecológico de la Tierra.

El cociente de sostenibilidad de la captación de agua de lluvia radica en sus aplicaciones prácticas y en su alineación con los ritmos de la naturaleza. Es una elección que trasciende las necesidades individuales. Refleja la sabiduría antigua de las civilizaciones que entendieron las gotitas mucho antes de las aspiraciones modernas.

Armonía con la naturaleza

En la gran narrativa de este planeta, el agua de lluvia juega un papel crucial como intérprete y protagonista. Su viaje, desde el vapor hasta las nubes y las gotas de lluvia, es un testimonio de la resiliencia y la interconexión de los sistemas de la Tierra. Al adoptar la recolección de agua de lluvia, adoptas una relación armoniosa con la naturaleza. Esta relación va más allá de la mera utilización de los recursos y llega a una profunda comprensión y administración del intrincado ciclo del agua.

A medida que recoges agua de lluvia, te conviertes en el coreógrafo de un futuro sostenible. Cada gota de lluvia recolectada es un paso hacia la preservación del delicado equilibrio del medio ambiente. Con su simplicidad y resiliencia, el agua de lluvia te invita a unirte a la orquesta de la vida consciente, donde cada acción contribuye al bienestar del planeta que llamas hogar.

Integrar la recolección de agua de lluvia en tu vida diaria es una declaración de que no estás separado de la naturaleza, sino que eres parte integral de sus ritmos. Esta práctica se alinea con los principios de la permacultura. Su filosofía imita los ecosistemas naturales para crear hábitats sostenibles y regenerativos adecuados para el ser humano.

La simplicidad de los sistemas de recolección de agua de lluvia, que a menudo consisten en canaletas, bajantes y contenedores de almacenamiento, refleja la elegancia de los procesos de la naturaleza. Esta simplicidad, junto con su profundo impacto en los recursos hídricos locales, refuerza la idea de que la sostenibilidad no se trata de soluciones complejas, sino de trabajar con los dones inherentes del mundo natural.

En los siguientes capítulos, profundizarás en los aspectos prácticos de la recolección de agua de lluvia. Desde las herramientas necesarias hasta los procesos paso a paso, te convertirás en un participante activo en la antigua tradición de recolectar y utilizar el oro líquido de la naturaleza. A medida que descubras los secretos de la recolección de agua de lluvia, hallarás el poder de dar forma a un futuro más sostenible y autosuficiente, una gota de lluvia a la vez.

Capítulo 2: La ciencia detrás de la precipitación

Desde la suave llovizna que nutre el suelo hasta el aguacero torrencial que da forma a los paisajes, la ciencia detrás de la precipitación es un viaje fascinante a través del corazón del ciclo del agua. Este capítulo desentraña los principios meteorológicos fundamentales que rigen la formación y el otoño de la lluvia, explorando la intrincada danza de las moléculas de agua a medida que atraviesan la atmósfera.

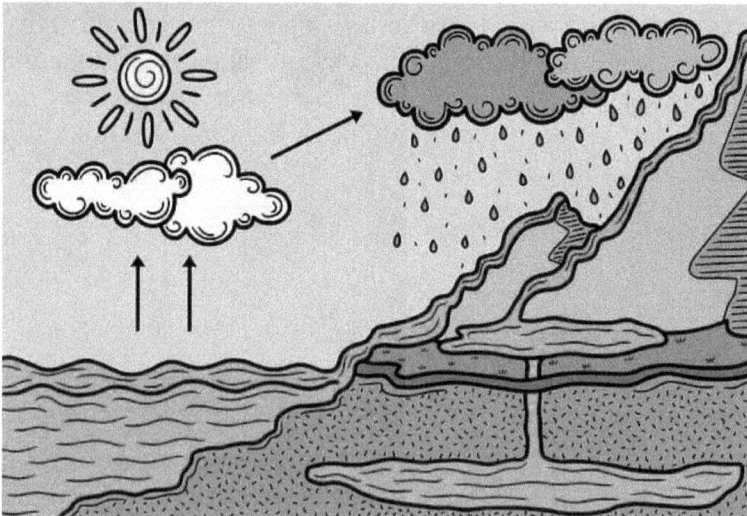

El ciclo del agua, un proceso fascinante orquestado por las fuerzas de la naturaleza, es una danza perpetua que sostiene la vida en este planeta

https://pixabay.com/zh/illustrations/water-cycle-rain-clouds-8176128/

El ciclo del agua desmitificado

El ciclo del agua, un proceso fascinante orquestado por las fuerzas de la naturaleza, es una danza perpetua que sostiene la vida en este planeta. En su núcleo hay tres actos cautivadores: evaporación, condensación y precipitación. Aquí hay una mirada más cercana a las complejidades de cada etapa para desmitificar el impresionante viaje de las moléculas de agua a medida que atraviesan la vasta extensión de la atmósfera.

Evaporación

En el corazón del ciclo del agua se encuentra el encantador proceso de evaporación. Este acto se desarrolla bajo la tierna caricia de los cálidos rayos del sol. El agua, en su forma líquida, experimenta una transformación mágica en vapor. Esta metamorfosis es más que un fenómeno científico. Es una fascinante danza de moléculas. Es una interacción poética entre la superficie líquida de los océanos, lagos y ríos y la llamada del sol.

La danza de las moléculas

- **Abrazo solar:** El sol extiende sus dedos dorados a través de la superficie de la Tierra, impartiendo energía cinética a las moléculas de agua. Este abrazo solar es donde las moléculas de agua obtienen la energía para liberarse de la forma líquida.

- **Escape a los cielos:** Con la energía recién descubierta, las moléculas de agua se desprenden de su forma líquida y ascienden a la atmósfera. Este ascenso etéreo marca el comienzo de un viaje que trasciende las fronteras geográficas y abarca la extensión ilimitada de arriba.

- **Una vez liberadas,** estas moléculas de vapor de agua emprenden un viaje global, transportadas por las corrientes de aire y el viento. Desde los cálidos trópicos hasta los gélidos polos, el vapor liberado se convierte en un intrépido viajero, listo para participar en el siguiente acto del ciclo del agua.

La odisea atmosférica

- **Corrientes de aire y viento:** El vapor de agua liberado se convierte en un pasajero de las corrientes de aire y el viento, creando un fenómeno aéreo dinámico. Estas corrientes atmosféricas transportan vapor de agua a través de grandes distancias, dando forma a la dinámica atmosférica que influye en los patrones climáticos.

- **Reservas de humedad:** El vapor, ahora suspendido en la atmósfera, forma reservas de humedad que tienen el potencial de precipitaciones futuras. Estas reservas, invisibles a simple vista, son contribuyentes esenciales para el delicado equilibrio que sustenta la vida en la Tierra.

- **Sistemas interconectados:** La odisea atmosférica del vapor de agua es parte de un sistema complejo e interconectado que influye en el clima, el tiempo y la distribución de los recursos hídricos en todo el mundo.

Condensación

A medida que las moléculas de vapor ascienden a la atmósfera, se encuentran con aire más frío a altitudes más altas. Este encuentro desencadena una transformación majestuosa, el acto de condensación. En él, el vapor abandona su forma efímera, condensándose en diminutas gotas o cristales de hielo. Las partículas de agua recién formadas se reúnen alrededor de partículas como el polvo o los aerosoles, combinándose para crear el lienzo sobre el que las nubes pintan su belleza etérea en el cielo.

La sinfonía de la condensación

- **Temperatura:** El cambio de temperatura a mayor altitud es el catalizador de esta etapa. El aire más frío hace que las moléculas de vapor se ralenticen y adopten su forma líquida una vez más.

- **A medida que la condensación** se afianza, estas minúsculas partículas de agua bailan alrededor de las partículas atmosféricas, formando nubes. Estas nubes, en sus innumerables formas y tamaños, se convierten en la poesía visual del cielo, reflejando la esencia de la atmósfera.

- **Arte aéreo:** Las nubes resultantes, ya sean cirros tenues o cúmulos densos, capturan y reflejan los estados de ánimo siempre cambiantes de la atmósfera. Este acto de condensación decora el cielo y prepara el escenario para el gran final de la precipitación.

Formaciones de nubes y jolgorio estético

- **Diversos tipos de nubes:** La condensación da lugar a una serie de tipos de nubes, cada una con sus características únicas. Las nubes cirros son altas y tenues, mientras que las nubes cumulonimbus son imponentes y majestuosas, lo que anuncia el potencial de precipitaciones intensas.

- **Indicadores meteorológicos**: Las formaciones de nubes sirven como indicadores invaluables de cambios climáticos inminentes. Comprender los matices de la estética de las nubes permite a los meteorólogos y entusiastas del clima descifrar las condiciones atmosféricas y predecir los próximos eventos de precipitación.
- **Esplendor artístico**: El jolgorio estético de las formaciones de nubes es un testimonio del arte creativo de la naturaleza. Desde radiantes puestas de sol reflejadas en nubes altocúmulos hasta la ominosa belleza de una tormenta que se acerca en nubes nimbostratus, la condensación transforma el cielo en un lienzo de obras maestras en constante cambio.

Precipitación

La gran culminación del viaje atmosférico del ciclo del agua es el acto de la precipitación. Ocurre cuando las gotas de agua condensada dentro de las nubes se vuelven lo suficientemente pesadas como para superar la resistencia de las corrientes de aire. Bajo la influencia de la gravedad, descienden hacia la tierra, transformándose en diversas formas de precipitación, como lluvia, nieve, aguanieve o granizo.

El dramático descenso

- **Haciéndose más pesadas**: Dentro de las nubes, las gotas de agua continúan creciendo en tamaño a medida que chocan y se fusionan. Este crecimiento los transforma en precipitación, listos para hacer su descenso.
- **Atracción de la gravedad:** Llega el momento en que estas gotas condensadas se vuelven demasiado pesadas para que el aire las soporte. La gravedad, la fuerza omnipotente, las empuja hacia abajo, iniciando el descenso que define la precipitación.
- **Elixir de la vida:** A medida que estas gotitas besan la Tierra, contribuyen al ciclo vital de la vida. Ya sea para nutrir el suelo, reponer lagos y ríos, o mantener los ecosistemas, la precipitación es el elixir que rejuvenece y sostiene este planeta.

El impacto holístico

- **Nutrición del suelo:** La precipitación se filtra en el suelo, proporcionando una hidratación esencial a las raíces de las plantas. Este alimento es fundamental para el crecimiento y la vitalidad de los ecosistemas terrestres.

- **Reposición acuática:** Los lagos, ríos y océanos reciben un abrazo de reposición de las precipitaciones. Esta afluencia de agua dulce sostiene los hábitats acuáticos, manteniendo el delicado equilibrio de los ecosistemas marinos.

- **Resiliencia de los ecosistemas:** El impacto holístico de las precipitaciones se extiende más allá de los componentes individuales del medio ambiente. Contribuye a la resiliencia de los ecosistemas, asegurando la vitalidad y diversidad continuas de la vida en la Tierra.

El ciclo armonioso

El viaje de la evaporación a la precipitación no es solo una progresión lineal. Es un ciclo armonioso que perpetúa la vida en la Tierra. Cada acto de esta danza atmosférica está interconectado, creando una coreografía perfecta que se repite sin cesar. Desde el abrazo líquido de la evaporación hasta las formaciones artísticas de la condensación y el dramático descenso de la precipitación, el ciclo del agua es un testimonio vivo de la interconexión de la naturaleza.

El final encantador

A medida que desmitificas el ciclo del agua, revelas la intrincada belleza que sustenta la vida en este planeta. Esta danza perpetua, llevada a cabo por el sol, la atmósfera y la Tierra, es un testimonio de la resiliencia y la interconexión de la naturaleza. Mientras contemplas las nubes, sientes la lluvia en tu rostro y eres testigo del ciclo que se desarrolla a tu alrededor, no eres un mero espectador, sino un participante activo en la gran sinfonía que es el ciclo del agua.

Factores que influyen en las precipitaciones

En el intrincado funcionamiento de la lluvia, la naturaleza dirige una sinfonía donde varios factores se armonizan para crear la delicada danza de la precipitación. Cada elemento juega un papel crucial, desde las fluctuaciones de temperatura y el escenario topográfico sobre el que se desarrolla la lluvia hasta las corrientes de aire matizadas y la humedad que marcan el ritmo. En esta sección, aprenderás sobre la compleja interacción de los factores que influyen en la dinámica de las precipitaciones, descifrando la poesía escrita en las gotas de lluvia.

Fluctuaciones de temperatura

La temperatura sostiene el testigo que dirige el ritmo de los patrones de precipitación. Su influencia es profunda, configurando las condiciones atmosféricas que dan lugar a las precipitaciones. El equilibrio entre las fluctuaciones de temperatura es clave para descifrar la dinámica de la lluvia.

La danza de lo cálido y lo fresco

- **Aire más cálido, mayor humedad:** En la atmósfera, el aire más cálido conduce a una mayor retención de humedad. A medida que aumentan las temperaturas, el aire adquiere la capacidad de retener más vapor de agua a través de la evaporación. Prepara el escenario para una mayor evaporación de los océanos, lagos y otros cuerpos de agua, fomentando el nacimiento de las nubes.

- **Temperaturas más frías, trabajo preliminar de condensación:** Por el contrario, las temperaturas más frías proporcionan el telón de fondo para que la condensación ocupe un lugar central. Cuando el aire caliente y cargado de humedad se encuentra con condiciones más frías, alcanza su punto de rocío (la temperatura a la que se produce la condensación). Esta transición de vapor a líquido sienta las bases para la formación de nubes y, eventualmente, la precipitación.

Comprender el equilibrio entre estas fluctuaciones de temperatura revela la intrincada danza de la dinámica de las precipitaciones. Desde la evaporación inicial hasta la eventual condensación y precipitación, la temperatura es la fuerza rectora que da forma a la sinfonía de la lluvia.

Topografía

La topografía de la Tierra es el gran escenario sobre el que se despliegan los patrones de precipitación, adornados con matices geográficos que añaden profundidad a la sinfonía de las precipitaciones. Las montañas, los valles y las llanuras interactúan con las masas de aire, influyendo en su ascenso o descenso y dando forma a la distribución espacial de las precipitaciones.

Terreno montañoso

- **Ascenso y condensación mejorada:** Las montañas juegan un papel fundamental en la narrativa de las precipitaciones. A medida que el aire húmedo asciende por una cadena montañosa, experimenta un enfriamiento adiabático. El proceso de enfriamiento mejora la condensación, transformando la masa de aire ascendente en nubes. Este fenómeno provoca un aumento de las precipitaciones en el lado de barlovento de la montaña.

- **Lado de Sotavento y el Efecto de Sombra de Lluvia**: En el lado de sotavento de la montaña, se desarrolla un escenario contrastante. A medida que el aire desciende, sufre un calentamiento adiabático, creando condiciones menos favorables para la condensación. Este lado de sotavento experimenta un efecto de sombra de lluvia, caracterizado por condiciones más secas y precipitaciones reducidas.

Valles y llanuras

- **Influencia en los movimientos de las masas de aire**: Los valles y las llanuras, aunque no son tan imponentes topográficamente como las montañas, también influyen en los patrones de lluvia. Guían el movimiento de las masas de aire, facilitando el ascenso o descenso que contribuye a la distribución espacial de las precipitaciones.

- **Interacción con la dinámica atmosférica**: La interacción entre la topografía y la dinámica atmosférica crea un escenario multifacético para la lluvia. Las características topográficas se convierten en componentes integrales de la atmósfera, influyendo en la intensidad y distribución de la precipitación.

Corrientes de aire

El movimiento de las corrientes de aire en todo el mundo da forma a los patrones de precipitación con delicadeza. Los vientos alisios, los vientos predominantes del Oeste y los vientos polares del Este dictan el movimiento de las masas de aire, lo que influye en el lugar donde se producen las precipitaciones. Las zonas de convergencia, donde chocan las masas de aire, se convierten en puntos focales de lluvias intensas.

Vientos alisios

- **Zona de convergencia ecuatorial**: Los vientos alisios convergen cerca del ecuador, creando la zona de convergencia ecuatorial. Eso se convierte en un caldo de cultivo para las lluvias intensas. El aire cálido y húmedo se eleva, se enfría y se condensa, dando origen a las exuberantes selvas tropicales que caracterizan a las regiones ecuatoriales.

- **Cinturones de lluvias tropicales:** Los vientos alisios, en su curso del este, también contribuyen a la formación de cinturones de lluvias tropicales. Estas bandas de lluvia concentrada rodean la Tierra, creando las condiciones climáticas que sustentan diversos ecosistemas.

Vientos del Oeste y vientos del Este polares predominantes

- **Dinámica de latitudes medias:** Los vientos predominantes del Oeste dominan las latitudes medias, y los vientos polares del Este influyen en las latitudes altas, contribuyendo a la dinámica de las precipitaciones en latitudes medias. Estas corrientes de aire guían los sistemas meteorológicos, influyendo en los patrones de precipitación en las regiones templadas.

- **Trayectorias de tormentas y límites frontales:** La convergencia de masas de aire a lo largo de los límites frontales, influenciada por los vientos predominantes del oeste, se convierte en un teatro para patrones climáticos dinámicos. Las trayectorias de las tormentas, moldeadas por estas corrientes de aire, se convierten en corredores de intensas lluvias.

La comprensión de estas corrientes atmosféricas revela la intrincada coreografía de la distribución de la lluvia a escala planetaria. Los movimientos de las masas de aire, impulsados por la rotación de la Tierra y el calentamiento solar, crean una interacción dinámica que orquesta las precipitaciones en diversas regiones del mundo.

Humedad

La humedad, una medida del contenido de humedad en el aire, es un factor crítico en la narrativa de la precipitación. Marca el ritmo de la danza de la humedad, contribuyendo tanto al nacimiento de las nubes por evaporación como a la eventual precipitación por condensación.

La alta humedad fomenta la evaporación

- **Atmósfera cargada de humedad:** Los altos niveles de humedad crean una atmósfera cargada de humedad propicia para la evaporación. Los cuerpos de agua, el suelo y la vegetación liberan humedad en el aire, saturándolo con vapor de agua.

- **Evaporación de los océanos:** En regiones con alta humedad, como las zonas costeras y los climas tropicales, los océanos juegan un papel importante. Las superficies cálidas del océano proporcionan abundante humedad para la evaporación, convirtiéndose en la fuente principal de las masas de aire ricas en humedad que alimentan la precipitación.

Condensación y precipitación

- **Saturación y condensación:** A medida que el aire saturado de humedad asciende o se encuentra con condiciones más frías, alcanza su punto de saturación. Eso desencadena el proceso de condensación, donde el vapor de agua se transforma en pequeñas gotas o cristales de hielo, formando nubes.

- **Nacimiento de las gotas de lluvia:** Las gotas condensadas, al crecer en tamaño, se convierten en gotas de lluvia. El delicado equilibrio entre la humedad y la temperatura determina cuándo prevalece la condensación, dando lugar al nacimiento de gotas de lluvia que descenderán en forma de precipitación.

Intensidad y duración de las precipitaciones

- **Humedad e intensidad de las precipitaciones:** La intensidad de las precipitaciones está estrechamente relacionada con los niveles de humedad. La alta humedad contribuye a una evaporación más significativa, creando las condiciones para eventos de lluvia intensos y prolongados.

- **Variaciones estacionales:** Los niveles de humedad también presentan variaciones estacionales, influyendo en el carácter de las precipitaciones en diferentes períodos. Comprender estas variaciones es crucial para descifrar los matices de la dinámica de la precipitación.

Descifrando la sinfonía

En la gran sinfonía de la lluvia, las fluctuaciones de temperatura, la topografía, las corrientes de aire y la humedad se entrelazan, creando una danza armoniosa que sostiene la vida en la Tierra. La interconexión de estos factores forma una red compleja, y descifrar su sinfonía proporciona información sobre los diversos patrones de lluvia observados en todo el mundo.

La interacción de estos factores

- **Relaciones dinámicas:** La relación entre la temperatura y la humedad, la influencia de la topografía en las masas de aire y la coreografía de las corrientes de aire contribuyen a la interacción dinámica que da forma a los patrones de lluvia.

- **Matices regionales:** Las diferentes regiones experimentan combinaciones únicas de estos factores, lo que da lugar a diversos climas y ecosistemas. Cada región cuenta una historia de precipitación distinta, desde los monzones en el sudeste asiático influenciados por las masas de aire oceánicas y continentales hasta los patrones de lluvia templados moldeados por los vientos predominantes del Oeste.

- **Impacto en los ecosistemas:** La influencia de estos factores se extiende más allá de la dinámica meteorológica a la salud de los ecosistemas. Los patrones de precipitación dictan la disponibilidad de recursos hídricos, influyendo en la flora y la fauna que prosperan en regiones específicas.

A medida que profundizas en los factores que influyen en las precipitaciones, eres testigo de la intrincada coreografía del ballet de la naturaleza. Desde la guía matizada de las fluctuaciones de temperatura hasta el dramático escenario topográfico, los movimientos orquestados de las corrientes de aire y la interacción rítmica de la humedad, cada factor contribuye a la sinfonía de la lluvia.

Comprender esta sinfonía no es una mera búsqueda académica. Es un viaje al corazón de la vitalidad de la Tierra, donde las gotas de lluvia se convierten en los versos que narran la historia de la vida misma. En la narrativa actual del ciclo del agua del planeta, estos factores continúan bailando, creando la melodía siempre cambiante de la lluvia que sostiene la belleza y la diversidad de este mundo.

Predicción de precipitaciones

En el tapiz siempre cambiante del clima de este planeta, la capacidad de predecir las precipitaciones es primordial. Guía su preparación para eventos climáticos, dicta prácticas agrícolas y ayuda a las personas a comprender el ciclo del agua de la Tierra. En esta sección, viajarás a través de la ciencia moderna y la sabiduría tradicional, para aprender sobre los métodos utilizados para predecir las precipitaciones y cerrar la brecha entre la tecnología de vanguardia y los conocimientos ancestrales.

Pronósticos meteorológicos

En la ciencia moderna, los pronósticos meteorológicos son la brújula que guía la anticipación de los patrones de precipitación. Utilizando tecnología de punta, los científicos meteorológicos aprovechan el poder de las herramientas avanzadas para analizar vastos conjuntos de datos, interpretar imágenes satelitales y ejecutar sofisticados modelos informáticos. Estas herramientas les permiten predecir las condiciones atmosféricas, ofreciendo información valiosa sobre cuándo y dónde se producirán las precipitaciones.

Tecnología avanzada en juego

- **Análisis de datos:** Los meteorólogos profundizan en una amplia gama de datos, que van desde los niveles de temperatura y humedad hasta la presión del aire y los patrones de viento. El análisis de estos datos les permite discernir la compleja interacción de los factores que contribuyen a la precipitación.

- **Imágenes de satélite:** Las imágenes de satélite de alta resolución proporcionan una vista panorámica de las condiciones atmosféricas. Permiten a los científicos rastrear las formaciones de nubes, identificar sistemas meteorológicos y monitorear el desarrollo de posibles eventos de precipitación.

- **Modelos informáticos:** A partir de los datos recopilados, los modelos informáticos avanzados simulan el comportamiento de la atmósfera. Estos modelos tienen en cuenta diversas variables, lo que permite a los meteorólogos predecir el momento, la intensidad y la duración de los eventos de precipitación.

De pronósticos a corto plazo a proyecciones extendidas

- **Predicciones horarias y diarias:** Los pronósticos a corto plazo, que van desde predicciones horarias hasta diarias, ofrecen información sobre los cambios climáticos inminentes. Estos pronósticos son cruciales para planificar las actividades diarias, los viajes y los eventos locales.

- **Proyecciones extendidas:** Los meteorólogos también proporcionan proyecciones extendidas que cubren períodos de tiempo más largos, como pronósticos semanales o mensuales. Si bien estas proyecciones son inciertas, ofrecen información valiosa para la planificación y preparación a mediano plazo.

Sabiduría tradicional

Más allá de la tecnología de vanguardia, la sabiduría tradicional cultivada durante generaciones ofrece una perspectiva única sobre la predicción de las precipitaciones. Las comunidades indígenas, profundamente conectadas con el mundo natural, han desarrollado una profunda comprensión de los cambios climáticos inminentes mediante la observación de indicadores naturales. Esta integración armoniosa de los conocimientos ancestrales con los métodos de predicción contemporáneos enriquece la capacidad de prever los eventos de precipitación.

Indicadores de la naturaleza

- **Comportamiento animal:** La observación del comportamiento de los animales ha sido reconocida durante mucho tiempo como un indicador confiable de los cambios climáticos inminentes. Los pájaros que vuelan más bajo, las vacas acostadas o las hormigas que construyen sus nidos más alto señalan cambios en las condiciones atmosféricas.

- **Formaciones de nubes:** El arte de leer las formaciones de nubes es una habilidad que se transmite de generación en generación. Los tipos, colores y patrones de nubes proporcionan pistas sobre el clima que se avecina. Por ejemplo, las imponentes nubes cumulonimbus a menudo anuncian tormentas eléctricas.

- **Fenómenos atmosféricos:** Fenómenos naturales como el halo alrededor de la luna o los tonos rojos durante el amanecer y el atardecer se han observado durante siglos como signos de cambio climático. Estos fenómenos atmosféricos están entretejidos en el tejido de la predicción tradicional.

Perspectivas ancestrales:

- **Conocimiento cultural:** Las culturas indígenas a menudo tienen conocimientos culturales específicos y rituales vinculados a las predicciones meteorológicas. Este conocimiento se comparte dentro de las comunidades y desempeña un papel vital en las prácticas agrícolas, la caza y otros aspectos de la vida cotidiana.

- **Interconexión con la naturaleza:** La predicción tradicional enfatiza la interconexión entre los seres humanos y la naturaleza. Reconoce que el entorno ofrece señales sutiles sobre los ritmos cambiantes del mundo natural.

Patrones de precipitación y zonas climáticas

Comprender el contexto más amplio de los patrones de precipitación en diferentes zonas climáticas contribuye a realizar predicciones más precisas. Las diferentes regiones exhiben distintas características de precipitación influenciadas por su proximidad al ecuador, la geografía local y la dinámica atmosférica. El reconocimiento de estos matices climáticos mejora la capacidad de predecir cuándo es más probable que se produzcan precipitaciones en regiones específicas.

Selvas tropicales

Las regiones tropicales cercanas al ecuador experimentan lluvias constantes y fuertes durante todo el año

https://www.pexels.com/photo/photo-of-foggy-forest-4633377/

- **Proximidad al ecuador**: Las regiones tropicales cercanas al ecuador experimentan lluvias constantes y abundantes durante todo el año. Los rayos directos del sol en el ecuador crean aire caliente, lo que provoca el ascenso de masas de aire húmedo y precipitaciones frecuentes.

- **Ecosistemas diversos:** Las exuberantes selvas tropicales son un testimonio de la abundancia de lluvias. El suministro constante de agua sustenta diversos ecosistemas, lo que hace que las predicciones precisas sean cruciales para la gestión de estos entornos ricos y frágiles.

Regiones áridas y semiáridas

- **Precipitaciones esporádicas pero intensas:** Las regiones áridas y semiáridas, al igual que los desiertos, pueden experimentar eventos de precipitación esporádicos pero intensos. Comprender los factores que contribuyen a estos eventos de lluvia poco frecuentes pero impactantes es esencial para la gestión de los recursos hídricos.

- **Riesgos de inundaciones repentinas:** En las regiones áridas, el suelo puede tener baja permeabilidad, lo que conduce a una rápida escorrentía durante las lluvias intensas. Plantea el riesgo de inundaciones repentinas, lo que hace que las predicciones precisas sean vitales para mitigar los peligros potenciales.

Climas templados

- **Variaciones estacionales:** Los climas templados a menudo exhiben estaciones distintas con variaciones en las precipitaciones. Comprender los patrones estacionales permite obtener mejores predicciones sobre cuándo es más probable que llueva y su impacto potencial en la agricultura y los ecosistemas.

- **Influencia de los vientos predominantes:** Los vientos predominantes del Oeste en las regiones templadas juegan un papel en la configuración de los patrones de lluvia. Comprender la influencia de estos patrones de viento contribuye a realizar predicciones precisas.

Cerrando la brecha

La sinergia entre la ciencia moderna y la sabiduría tradicional ofrece un enfoque holístico para predecir las precipitaciones. Mientras que los pronósticos meteorológicos proporcionan predicciones precisas y basadas en datos, los sistemas de conocimiento tradicionales ofrecen una comprensión matizada de las señales sutiles de la naturaleza. La integración de estos sistemas de conocimiento mejora la capacidad de anticiparse y adaptarse a las condiciones meteorológicas cambiantes.

Colaboración intercultural

- **Intercambio de conocimientos:** Facilitar un intercambio intercultural de conocimientos meteorológicos enriquece la comprensión colectiva de los patrones meteorológicos. Los meteorólogos pueden beneficiarse de los conocimientos adquiridos a través de la sabiduría tradicional y viceversa.

- **Participación de la comunidad:** Involucrar a las comunidades locales en el monitoreo y la predicción del clima fomenta un sentido de propiedad y empoderamiento. Con su profunda conexión con la tierra, las comunidades indígenas contribuyen con valiosas observaciones que pueden complementar los datos científicos.

Resiliencia climática

- **Estrategias de adaptación:** La incorporación de la sabiduría tradicional en las estrategias de resiliencia climática mejora la adaptabilidad de las comunidades. Los métodos tradicionales de predicción, arraigados en siglos de observación, ofrecen alertas tempranas y guían las prácticas de adaptación.

- **Preservación de la biodiversidad:** Las predicciones precisas son cruciales para preservar la biodiversidad en varios ecosistemas. Los conocimientos indígenas, íntimamente ligados a los ritmos de la naturaleza, contribuyen a prácticas sostenibles que protegen la diversidad de flora y fauna.

La ciencia moderna y la sabiduría tradicional desempeñan un papel indispensable en la intrincada danza de la predicción de las precipitaciones. Los pronósticos meteorológicos, con su tecnología de vanguardia y su precisión basada en datos, le brindan información valiosa sobre la compleja dinámica de la atmósfera. Al mismo tiempo, los sistemas de conocimientos tradicionales, cultivados a lo largo de generaciones, ofrecen una profunda conexión con el mundo natural y sus sutiles indicadores.

En este capítulo, has navegado por los intrincados reinos del ciclo del agua, revelando la ciencia detrás de la precipitación. Desde el viaje efímero de las moléculas de agua a través de la evaporación hasta los intrincados factores que influyen en la lluvia, la danza de la precipitación es una sinfonía dirigida por la propia naturaleza. A medida que exploras los mecanismos que dan forma a los patrones de lluvia, el escenario está listo para una comprensión más profunda de la dinámica atmosférica de este planeta.

Capítulo 3: Elegir tu lugar

En la búsqueda de prácticas hídricas sostenibles, el arte de recolectar agua de lluvia se erige como una solución fundamental. Sin embargo, su éxito depende de la selección del lugar óptimo. Desde el tamaño y el material de su techo hasta la disposición del terreno y los matices del clima local, cada factor juega un papel en la determinación de la eficiencia de la captación de agua. En este capítulo se analiza la elección del lugar perfecto, lo que le proporciona información para equilibrar la funcionalidad, la estética y el impacto medioambiental.

Consideraciones sobre la azotea

En la recolección de agua de lluvia, la azotea ocupa un lugar central. Es donde comienza la transformación de la precipitación en un recurso valioso. Las dimensiones, los ángulos y los materiales de su techo juegan un papel clave en la determinación del volumen y la calidad del agua de lluvia que puede capturar.

Área del techo y eficiencia de recolección

El tamaño de su techo dicta directamente el volumen potencial de agua de lluvia que recolectará. Esta área de captación, una métrica crítica en la recolección de agua de lluvia, se determina midiendo con precisión las dimensiones de su techo. La precisión garantiza que aproveche todo el potencial de la lluvia disponible.

Consideraciones de eficiencia

Si bien los techos más grandes ofrecen áreas de captación más sustanciales, el uso eficiente del espacio y la consideración del uso previsto del agua recolectada es primordial.

- **Más grande no siempre es mejor:** Los techos más grandes proporcionan áreas de captación más significativas, lo que aumenta el potencial de recolección de agua. Sin embargo, es crucial encontrar un equilibrio. Ten en cuenta el espacio disponible, sus necesidades de agua y el uso previsto del agua recolectada.

- **Adaptación a las necesidades:** Evalúa tus necesidades de agua y tu capacidad de almacenamiento. Esta comprensión te ayuda a optimizar tu área de captación para satisfacer tus necesidades específicas sin excesos innecesarios.

Consideraciones adicionales

Ampliando el cálculo del área de captación, es esencial tener en cuenta los factores que pueden afectar a la eficiencia:

- **Variación de la pendiente del techo:** En los casos en que el techo tiene pendientes variables, calcule el área de captación para cada segmento por separado. Este enfoque matizado garantiza estimaciones precisas.

- **Obstrucciones y ajustes:** Tenga en cuenta cualquier obstrucción en el techo, como chimeneas o tragaluces, que pueda afectar el flujo de agua. Los ajustes en las canaletas y bajantes optimizarán la eficiencia de la recolección.

Ángulos e inclinación del techo

Los ángulos y la inclinación de su techo agregan complejidad a la recolección de agua de lluvia. Influyen en la velocidad de escorrentía del agua y en la eficiencia de los sistemas de recogida.

Tono óptimo

La inclinación de su techo, su inclinación o inclinación, es un factor crítico en la recolección de agua de lluvia.

- **La moderación es clave:** Un paso moderado a menudo se considera óptimo para la recolección de agua de lluvia. Las pendientes pronunciadas conducen a una escorrentía más rápida, lo que reduce el tiempo que el agua pasa en el techo. Lograr un equilibrio es crucial para maximizar la eficiencia de la colección.

- **Prevención de problemas de escorrentía:** Una inclinación moderada permite que el agua permanezca en el techo durante un tiempo suficiente, lo que promueve una recolección efectiva. Evita los problemas asociados con la escorrentía rápida, lo que garantiza un flujo constante en su sistema de cosecha.

Ajuste de ángulos

Los diferentes diseños y ángulos de techo requieren enfoques personalizados para mejorar el flujo de agua y la eficiencia de la recolección.

- **Techos planos:** Los techos planos ofrecen áreas de captación más grandes, pero pueden requerir sistemas especializados para optimizar el flujo de agua. Los ajustes de diseño y la ubicación estratégica de las canaletas compensarán las variaciones en los ángulos del techo.

- **Techos a dos aguas:** Los techos a dos aguas, con sus pendientes a ambos lados, ofrecen una escorrentía de agua efectiva. Asegurarse de que las canaletas estén bien posicionadas para capturar el agua a lo largo de las laderas mejora la eficiencia.

Consideraciones adicionales

- **Carga de nieve y altura:** En las regiones que experimentan nevadas, considera el impacto de la inclinación en la acumulación de nieve. Una pendiente más pronunciada arrojará la nieve de manera más efectiva, evitando cantidades excesivas.

- **Influencia del material del techo**: Ciertos materiales para techos funcionan de manera óptima en pendientes específicas. Investiga las recomendaciones del fabricante para alinear la inclinación del techo con los materiales elegidos.

Materiales del techo y pureza del agua

El material que compone su techo no es simplemente una elección estética. Es un actor clave en la calidad del agua de lluvia recolectada. Diferentes materiales introducen contaminantes o contribuyen a que el agua sea más limpia.

Techos metálicos

Los metales resistentes a la corrosión como el zinc o el aluminio son opciones populares para la recolección de agua de lluvia. Minimizan la lixiviación y contribuyen a que el agua esté más limpia.

- **Durabilidad y pureza:** Los techos de metal son duraderos y resistentes a la corrosión, lo que garantiza la longevidad. También contribuyen a un agua más limpia al minimizar la introducción de contaminantes.

- **Aplicabilidad a los sistemas de recolección**: Los techos metálicos son compatibles con varios sistemas de recolección de agua de lluvia, ofreciendo versatilidad en el diseño y la implementación.

Tejas asfálticas

Si bien son comunes en los techos, las tejas de asfalto introducen pequeñas partículas y contaminantes en el agua recolectada. Mitigar estas preocupaciones requiere soluciones estratégicas.

- **Problemas de partículas**: Las tejas de asfalto desprenden pequeñas partículas, lo que afecta la pureza del agua recolectada. La instalación de un desviador de primera descarga ayuda a desviar la escorrentía inicial, reduciendo el contenido de partículas.

- **Mantenimiento regular:** La inspección periódica y el mantenimiento de los techos de asfalto son cruciales. La limpieza de canaletas y superficies de techo minimiza la acumulación de escombros y contaminantes.

Tejas de madera tratada o compuestas

Estos materiales introducen productos químicos en el agua recolectada, lo que requiere un análisis cuidadoso y medidas de filtración adicionales.

- **Problemas químicos:** La madera tratada o las tejas compuestas liberan sustancias químicas en el agua recolectada. La realización de una investigación exhaustiva sobre los materiales específicos utilizados conduce a la conciencia de los posibles contaminantes.

- **Soluciones de filtración:** La implementación de sistemas de filtración adicionales, como filtros de sedimentos o filtros de carbón activado, purificará aún más el agua recolectada de los techos con madera tratada o tejas compuestas.

Consideraciones adicionales:

- **Inspecciones periódicas del techo:** Las inspecciones periódicas del estado de tu techo son cruciales. Detectar y abordar problemas como el óxido en los techos de metal o el deterioro de las tejas en los techos de asfalto garantiza la longevidad del techo y la calidad del agua recolectada.

- **Longevidad de los materiales:** Considera la vida útil de los materiales para techos en relación con sus objetivos de recolección de agua de lluvia a largo plazo. Invertir en materiales duraderos se alinea con la sostenibilidad y reduce la frecuencia de los reemplazos.

Mientras viajas a través de la recolección de agua de lluvia, considera tu azotea como el director de una gran actuación. Las dimensiones, los ángulos y los materiales armonizan para crear una melodía de recolección eficiente de agua. La precisión en la medición, la consideración cuidadosa de la inclinación y la selección consciente de los materiales para techos contribuyen a la pureza y abundancia del agua de lluvia recolectada. A medida que afinas cada aspecto, optimizas tu sistema de recolección de agua de lluvia y contribuyes al movimiento más amplio hacia la conservación del agua y un futuro más verde y sostenible.

Terreno y topografía

Bajo tus pies se encuentra un tapiz de contornos y pendientes. El terreno y la topografía de tu propiedad facilitarán el flujo fluido del agua hacia el almacenamiento o presentarán desafíos que exijan soluciones estratégicas. Es hora de explorar cómo las características naturales bajo tus pies dan forma a la intrincada danza de la recolección de agua de lluvia.

Pendiente y caudal de agua

La pendiente de su propiedad es una fuerza dinámica que dicta el flujo natural del agua. El aprovechamiento eficiente de este flujo garantiza que el agua de lluvia viaje desde las superficies de captación hasta el almacenamiento con una resistencia mínima.

- **Aprovechar las pendientes naturales**: Considérate afortunado si tu propiedad cuenta con pendientes naturales. Aprovecha estos contornos para guiar el agua hacia los puntos de recolección designados. Reducirás significativamente la necesidad de sistemas de drenaje complejos, lo que te permitirá adoptar la simplicidad inherente a la naturaleza.

- **Creación de taludes artificiales**: En escenarios en los que los taludes naturales son insuficientes o inexistentes, considera la posibilidad de introducir taludes artificiales a través de ajustes estratégicos de paisajismo. Al esculpir el terreno, pueden redirigir el flujo de agua, mejorando la eficiencia general de la recolección.

Rutas de flujo de agua y puntos de recolección

Comprender cómo se mueve el agua a través de tu propiedad requiere que descifres el plano de la naturaleza. La identificación de los puntos óptimos de recolección implica un análisis cuidadoso de las trayectorias que sigue el agua durante los eventos de lluvia.

- **Sistemas de canaletas como navegadores**: Los sistemas de canaletas bien diseñados actúan como navegantes de este viaje natural. Guían el agua a lo largo de caminos predeterminados, evitando la escorrentía caótica. El mantenimiento regular es la clave para garantizar que las canaletas permanezcan limpias, evitando obstrucciones que podrían impedir el flujo fluido del agua.

- **Ubicación estratégica de los sistemas de almacenamiento:** Colocar los tanques o depósitos de almacenamiento de agua en los puntos donde la escorrentía converge naturalmente es un golpe maestro. Reduce la necesidad de extensos sistemas de tuberías, aprovechando la simplicidad de alinearse con los cursos de agua naturales.

- **Utilización de zanjas y bermas:** Las zanjas son depresiones diseñadas para redirigir el flujo de agua, y las bermas se pueden incorporar estratégicamente. Estas características naturales ayudan a dirigir el agua hacia los puntos de recolección deseados, mejorando la eficiencia de la recolección de agua de lluvia.

Vegetación y estructuras

La presencia de vegetación en su propiedad presenta tanto desafíos como beneficios a la narrativa de la recolección de agua de lluvia. Los árboles y las plantas actúan como filtros naturales, reduciendo los contaminantes en el agua recolectada. Sin embargo, también contribuyen a la formación de residuos, lo que requiere medidas de filtración adicionales.

- **Acto de equilibrio de la naturaleza:** Aceptar el doble papel de la vegetación. Si bien los árboles y las plantas contribuyen a la pureza del agua al actuar como filtros naturales, arrojan hojas y escombros, lo que puede afectar la limpieza del agua recolectada. Lograr un equilibrio implica un mantenimiento regular y medidas de filtración adicionales.

- **Plantación estratégica para la retención de agua:** La colocación cuidadosa de la vegetación mejorará la retención de agua en el suelo. Ayuda a prevenir la erosión del suelo y promueve una liberación más sostenida de agua en el sistema de recolección.

Estructuras como puntos de recogida

Las estructuras hechas por el hombre, desde cobertizos hasta dependencias, influyen significativamente en los patrones de flujo de agua en su propiedad. La consideración cuidadosa de estos elementos agilizará el proceso de recolección de agua de lluvia.

- **Techos de estructuras como áreas de captación:** Considera la posibilidad de integrar las estructuras existentes en su sistema de captación de agua de lluvia. Los techos de los cobertizos o dependencias sirven como áreas de captación complementarias, ampliando la capacidad general de recolección de agua.

- **Armonía de estética y funcionalidad:** Lograr un equilibrio entre el atractivo estético del paisajismo y los requisitos funcionales de la recolección de agua de lluvia es un arte. El diseño cuidadoso garantiza la armonía entre el entorno natural y la infraestructura diseñada para capturar y almacenar el precioso regalo de la lluvia.

- **Uso de pavimentos permeables:** Considere el uso de pavimentos permeables en áreas donde el paisajismo es inevitable. Estas superficies permiten que el agua penetre, reduciendo la escorrentía y facilitando su absorción en el suelo, contribuyendo a la salud general de su sistema de recolección de agua de lluvia.

Navegando por el paisaje de la recolección de agua de lluvia

A medida que navegas por el paisaje de la recolección de agua de lluvia, la ubicación estratégica de los sistemas de almacenamiento y la integración de elementos naturales y construidos crean una composición armoniosa. Una vez percibida como estática, la disposición de la tierra bajo tus pies ahora se convierte en un socio dinámico en la danza del agua desde el cielo hasta el almacenamiento.

Acepta los contornos y las pendientes, trabaja con el flujo natural y deja que su sistema de recolección de agua de lluvia se convierta en una extensión del paisaje, integrándose a la perfección en el intrincado diseño de su propiedad. La naturaleza y el diseño, cuando se coreografian con precisión, transforman la recolección de agua de lluvia de una necesidad práctica a una interacción poética con la tierra misma. Mientras navegas recuerda que cada pendiente, árbol y estructura que has construido contribuye a un sistema que celebra tanto la practicidad como la belleza de la vida sostenible.

Armonizar la naturaleza y la infraestructura

Al explorar el terreno y la topografía en la recolección de agua de lluvia, es crucial enfatizar la profunda conexión entre la dinámica de la naturaleza y la infraestructura hecha por el hombre diseñada para aprovecharla. El proceso de recolección de agua de lluvia se desarrolla más bellamente cuando estos elementos existen en armonía.

- **Adaptación a las condiciones locales:** Reconocer que cada propiedad es única y que las estrategias empleadas deben adaptarse a la topografía, el clima y la vegetación locales.

- **Observación y ajuste continuos:** A medida que cambian las estaciones y evolucionan los paisajes, la observación continua y los ajustes ocasionales en su configuración de recolección de agua de lluvia garantizan su eficacia continua.

- **Alcance educativo:** Comparte tus experiencias y conocimientos sobre el terreno y la topografía en la recolección de agua de lluvia con tu comunidad. El fomento de prácticas sostenibles contribuye a un movimiento más amplio hacia la conservación del agua.

En esta intrincada danza de la naturaleza y el diseño, tu propiedad se convierte en un lienzo donde el agua de lluvia se transforma de un visitante fugaz en un querido residente. Recuerda que el arte de la recolección de agua de lluvia no se trata solo de capturar agua. Se trata de crear una coexistencia sostenible y armoniosa entre la habitación humana y el mundo natural.

Factores regionales y climáticos

En la recolección de agua de lluvia, el acto final trasciende el microcosmos de las propiedades individuales y se adentra en el macrocosmos. Presta mucha atención a cómo los patrones climáticos locales y las características geográficas afectan a tus decisiones de cosecha y el rendimiento potencial. Comprender el contexto climático más amplio te permitirá adaptar sus sistemas a las complejidades regionales, creando una sinfonía que armonice con los ritmos de la naturaleza.

Proximidad a cuerpos de agua

La proximidad de su ubicación a cuerpos de agua introduce un matiz climático que influye profundamente en la disponibilidad de agua de lluvia.

Regiones costeras

Las regiones costeras abrazan el flujo y reflujo de los patrones climáticos oceánicos, experimentando una danza única con las precipitaciones.

- **Consistencia en la precipitación costera:** Las áreas costeras a menudo disfrutan de lluvias más consistentes, cortesía de la influencia de los patrones climáticos oceánicos. Esta previsibilidad mejora la confiabilidad de los sistemas de recolección de agua de lluvia, ofreciendo una fuente de agua constante.

- **Sistemas de adaptación para la confiabilidad costera:** Las personas en las regiones costeras pueden ajustar sus configuraciones de recolección de agua de lluvia con un grado de confianza en la regularidad de la precipitación. La atención se centra en la optimización del almacenamiento y la eficiencia de uso.

Zonas del interior

Por el contrario, las localidades del interior se enfrentan a una cadencia climática diferente. La variabilidad en los patrones de precipitación requiere consideraciones estratégicas para garantizar un suministro confiable de agua.

- **Navegar por las precipitaciones variables:** Las zonas del interior experimentan precipitaciones más variables, lo que exige un enfoque flexible para la captación de agua de lluvia. El almacenamiento de agua suplementario y los sistemas de recolección eficientes se vuelven cruciales para mantener un suministro de agua constante en medio de las fluctuaciones.

- **La adaptabilidad como virtud clave:** La adaptabilidad de los sistemas de captación de agua de lluvia en las zonas interiores se convierte en una virtud. Las soluciones que se adaptan a la imprevisibilidad de las precipitaciones permiten una estrategia hídrica más resiliente.

Patrones climáticos locales

Comprender los patrones climáticos únicos de su región es primordial. Los diferentes climas, incluidos el árido, el tropical y el templado, presentan distintos desafíos y oportunidades para la recolección de agua de lluvia.

Climas áridos

El agua recolectada se convierte en un recurso precioso en las regiones áridas, donde las lluvias son esporádicas pero potencialmente intensas.

- **Almacenamiento eficiente en reinos áridos:** La recolección de agua de lluvia en climas áridos exige prácticas eficientes de almacenamiento y utilización. Cada gota debe ser apreciada, lo que hace que la conservación del agua sea una parte inherente de la estrategia de recolección.

- **Patrones climáticos a microescala:** Incluso dentro de las regiones áridas, los patrones climáticos a microescala influyen en la efectividad de los sistemas de recolección de agua de lluvia. La comprensión de los matices locales permite un diseño más preciso del sistema, reconociendo las complejidades de los climas áridos.

Climas tropicales

Las regiones tropicales, bendecidas con lluvias intensas y frecuentes, plantean desafíos para manejar el exceso de agua durante tormentas intensas.

- **Manejo de la abundancia tropical:** Si bien la abundancia de lluvia en climas tropicales es ventajosa, el manejo del exceso de agua durante tormentas intensas se convierte en una consideración necesaria. Los sistemas de drenaje y las soluciones de almacenamiento eficientes son esenciales.
- **Navegar por los microclimas tropicales:** Las regiones tropicales a menudo albergan diversos microclimas. Las áreas urbanas dentro de las zonas tropicales experimentan diferentes patrones de lluvia en comparación con las áreas rurales o costeras, lo que requiere diseños de sistemas matizados.

Climas templados

Los climas templados presentan variaciones estacionales en las precipitaciones, lo que requiere adaptabilidad en los sistemas de captación de agua de lluvia.

- **Adaptabilidad durante todo el año:** La adaptación de los sistemas de recolección de agua de lluvia a las variaciones estacionales garantiza la disponibilidad de agua en climas templados durante todo el año. La flexibilidad se convierte en la clave para aprovechar los estados de ánimo cambiantes de la naturaleza.
- **Monitoreo de los cambios estacionales:** Reconocer los cambios en los patrones de temperatura y precipitación durante las diferentes estaciones permite realizar ajustes proactivos en los sistemas de recolección de agua de lluvia. El monitoreo continuo garantiza la efectividad durante todo el año.

Microclimas y patrones meteorológicos a microescala

Incluso dentro de un área geográfica relativamente pequeña, los microclimas y los patrones climáticos a microescala pueden variar, lo que agrega una capa de complejidad a la recolección de agua de lluvia.

Islas de calor urbanas

Las áreas urbanas crean islas de calor localizadas que influyen en los patrones climáticos, afectando las precipitaciones y la temperatura.

- **Microclimas en las selvas urbanas:** Las islas de calor urbanas introducen microclimas que divergen de patrones regionales más amplios. La comprensión de estos matices permite un diseño más preciso del sistema, reconociendo las complejidades de la vida en la ciudad.

- **Equilibrio entre el desarrollo urbano y la captación de agua de lluvia:** Los microclimas se intensifican en entornos urbanos donde dominan el hormigón y el asfalto. Equilibrar la impermeabilidad de las superficies urbanas con la recolección efectiva de agua de lluvia se vuelve crucial para la sostenibilidad.

Terreno montañoso:

Las regiones montañosas experimentan precipitaciones orográficas, lo que influye en las precipitaciones en los lados de barlovento y sotavento
https://www.pexels.com/photo/person-on-mountain-1647972/

Las regiones montañosas experimentan precipitaciones orográficas, lo que influye en las precipitaciones en los lados de barlovento y sotavento.

- **Dinámica de la montaña:** En terrenos montañosos, las precipitaciones orográficas provocan un aumento de las precipitaciones en los lados de barlovento y sombras de lluvia en los lados de sotavento. La ubicación estratégica de los sistemas de cosecha considera estos fenómenos naturales.

- **Aprovechamiento de los microclimas de montaña:** Los microclimas dentro de las regiones montañosas varían según la elevación, la pendiente y la orientación. Comprender estas complejidades ayuda a diseñar sistemas de recolección de agua de lluvia que se alineen con el entorno dinámico de la montaña.

Consideraciones regulatorias

Antes de finalizar tu sistema de recolección de agua de lluvia, ten en cuenta las regulaciones y pautas locales. Las consideraciones regulatorias garantizan un enfoque legal y sostenible para la recolección de agua.

Permisos y regulaciones

Verifique si se requieren permisos para los sistemas de recolección de agua de lluvia. Algunas regiones tienen regulaciones que rigen el tamaño de los tanques de almacenamiento, la gestión de la escorrentía o los estándares de calidad del agua.

- **Navegando por las armonías legales:** Comprender y cumplir con los permisos y regulaciones locales garantiza la legalidad y sostenibilidad de sus esfuerzos de recolección de agua de lluvia. Busque las aprobaciones necesarias para alinear su sistema con los estándares legales.

- **Alcance educativo sobre el cumplimiento normativo:** Edúcate a ti mismo y a tu comunidad sobre la importancia de cumplir con las regulaciones. Fomentar la concientización y el cumplimiento para desarrollar una cultura de recolección legal y sostenible de agua de lluvia.

Directrices de la comunidad

En los espacios de vida comunal o en los vecindarios, el cumplimiento de las pautas de la comunidad es esencial. Colabora con los vecinos y las autoridades locales para garantizar que tus planes de recolección de agua de lluvia se alineen con los estándares de la comunidad.

- **Responsabilidad colectiva:** La recolección de agua de lluvia no es solo un esfuerzo individual, sino una responsabilidad colectiva. Comprométete con tu comunidad para fomentar la conciencia y el cumplimiento de las pautas compartidas para las prácticas sostenibles del agua.

- **Prácticas sostenibles del agua:** Trabaja en colaboración con tu comunidad para establecer pautas que promuevan la recolección sostenible de agua de lluvia. Los esfuerzos colectivos mejoran la eficacia y la aceptación de las prácticas de recolección de agua de lluvia dentro de la comunidad.

Orquestando la armonía en la recolección de agua de lluvia

Al concluir la exploración de los factores regionales y climáticos en la recolección de agua de lluvia, visualízala como una orquestación de una sinfonía armoniosa con la naturaleza. Adaptar tu sistema al clima único de tu región transforma la recolección de agua de lluvia de una tarea utilitaria a una interacción poética con el medio ambiente.

- **Adaptación estratégica:** La adaptación estratégica es el sello distintivo de un sistema de recolección de agua de lluvia bien diseñado. Ya sea en desiertos áridos, paraísos tropicales o paraísos templados, la capacidad de adaptación de su sistema garantiza la armonía con la naturaleza.

- **Alcance educativo:** Comparte tus experiencias y conocimientos sobre los factores regionales y climáticos en la recolección de agua de lluvia con tu comunidad. Fomentar la conciencia y la comprensión garantiza un movimiento más amplio hacia prácticas hídricas sostenibles.

- **Monitoreo continuo:** La naturaleza es dinámica, y también debe serlo su enfoque. El monitoreo continuo de los patrones climáticos, la eficiencia del sistema y las regulaciones locales garantiza que su sistema de recolección de agua de lluvia permanezca en sintonía con la naturaleza cambiante de su entorno.

Al final, la recolección de agua de lluvia se trata de armonizar con los ritmos de la naturaleza. A medida que diseñas e implementas tu sistema, deja que los factores regionales y climáticos se conviertan en las notas de una melodía que celebre la belleza y la sostenibilidad de la administración del agua.

Maximizar la eficiencia de la captura requiere una comprensión matizada de las características únicas de tu propiedad y la consideración del clima y las regulaciones locales. Encontrarás la clave para ejecutar un sistema de recolección de agua de lluvia armonioso y efectivo en este intrincado baile entre practicidad, estética y preferencias personales.

Acepta el desafío de seleccionar el lugar perfecto, ya que en esta elección, desbloqueas el potencial de transformar las gotas de lluvia en una fuente de vida sostenible para tu hogar y el medio ambiente.

Capítulo 4: Diseño del sistema de recolecta

El viaje de la recolecta de agua de lluvia da un giro fundamental en este capítulo, donde descubrirás el arte y la ciencia de diseñar un sistema de recolección. Transformar la danza transitoria de las gotas de lluvia en una fuente de agua sostenible requiere consideraciones cuidadosas.

Componentes básicos de un sistema de recolección

En la intrincada relación entre los cielos y la Tierra, el agua de lluvia emerge como un elixir precioso, un regalo otorgado a la humanidad por la naturaleza. Desde el patrón inicial de las gotas de lluvia en las superficies de captación hasta el abrazo de protección de los tanques de almacenamiento, cada componente desempeña un papel crucial en la armonización con el medio ambiente.

Superficies de captación

En el corazón de todo sistema de captación de agua de lluvia se encuentra la superficie de captación. Los techos se erigen como las principales superficies de captación, ya sean de tejas, metal o tejas. Cada material aporta características únicas que influyen en la pureza y el volumen del agua recolectada.

Materiales y pureza del techo

La elección de los materiales para techos juega un papel crucial en la determinación de la calidad del agua de lluvia recolectada. Los diferentes materiales aportan distintas ventajas y consideraciones a la mesa:

- **Techos metálicos:** Conocidos por su durabilidad, los techos metálicos, compuestos por materiales resistentes a la corrosión como el zinc o el aluminio, minimizan la introducción de contaminantes. Los convierte en una excelente opción para mantener la pureza del agua.

Conocidos por su durabilidad, los techos metálicos, compuestos por materiales resistentes a la corrosión como el zinc o el aluminio, minimizan la introducción de contaminantes
Wikideas1, CC0, vía Wikimedia Commons:
https://commons.wikimedia.org/wiki/File:Standing_seam_metal_roof_low_pitch_roof-3.jpg

- **Tejas asfálticas:** Comunes en estructuras residenciales, las tejas asfálticas son rentables, pero pueden introducir pequeñas partículas y contaminantes en el agua recolectada. La implementación de un desviador de primera descarga mitigará estas preocupaciones.

- **Techos de tejas u hormigón:** Estos materiales ofrecen durabilidad y atractivo estético. Sin embargo, sus superficies contribuyen a la dureza del agua o introducen minerales. Los sistemas de filtración serán necesarios para el control de calidad.

Expansión de la cuenca más allá de los tejados

Si bien los techos sirven como superficies de captación primarias, pensar más allá de las estructuras convencionales abre vías para la innovación en la recolección de agua de lluvia. Considera la posibilidad de explorar:

- **Toldos:** Amplíe el alcance de su sistema de captación colocando toldos estratégicamente. Complementan las captaciones de tejados y proporcionan superficies adicionales para la recogida de agua de lluvia.

- **Pavimentos permeables:** Las calzadas y pasarelas hechas de materiales permeables permiten que el agua de lluvia penetre en la superficie, contribuyendo a la captación. La incorporación de estas características mejorará la eficiencia general de su sistema.

- **Estructuras de captación especialmente diseñadas:** Los diseños innovadores, como las superficies de captación integradas en los elementos de paisajismo, agregarán funcionalidad y atractivo estético a su sistema de recolección de agua de lluvia.

Sistemas de transporte

Una vez que las gotas de lluvia adornan la superficie de captación, el siguiente acto consiste en guiarlas hacia el almacenamiento. Los sistemas de transporte, que comprenden canaletas y bajantes, conducen este oro líquido con eficiencia y precisión.

Sistemas de canaletas

Los sistemas de canaletas bien diseñados son los héroes anónimos de la recolección de agua de lluvia. Garantizan el flujo suave del agua desde la superficie de captación hasta el almacenamiento. El mantenimiento regular es esencial para evitar obstrucciones que comprometan la eficiencia de todo el sistema de transporte.

- **Consideraciones sobre los materiales:** Elige los materiales de las canaletas en función de la durabilidad y la compatibilidad con su superficie de captación. Las opciones incluyen vinilo, aluminio, acero y cobre, cada una con su conjunto único de ventajas.

- **Pendiente y alineación:** Asegúrate de que las canaletas estén instaladas con una ligera pendiente hacia los bajantes. La alineación adecuada evita el estancamiento del agua y facilita un drenaje eficiente.

Bajantes y sistemas de desvío

Los bajantes actúan como conductores, guiando el agua desde las canaletas hasta el almacenamiento, mientras que los sistemas de desvío mejoran la eficiencia al evitar que la escorrentía inicial, cargada de escombros y contaminantes, llegue directamente al almacenamiento.

- **Tipos de desviadores:** Los desviadores de primera descarga son componentes cruciales. Redirigen la escorrentía inicial, que contiene contaminantes lavados de la superficie de captación, asegurando que solo entre agua más limpia en el sistema de almacenamiento.

- **Mantenimiento regular:** Inspeccione y limpie los bajantes y los sistemas de desvío con regularidad para evitar obstrucciones. Esta práctica de mantenimiento preserva la integridad y la eficiencia de su transporte de agua de lluvia.

Filtros

Antes de que el agua de lluvia caiga en cascada al almacenamiento, se somete a un proceso de refinación a través de filtros que tamizan las impurezas.

Pantallas de malla

Las pantallas de malla básicas capturan eficazmente los residuos más grandes, como hojas y ramitas, evitando que entren en el sistema de almacenamiento. La limpieza regular es crucial para evitar obstrucciones y mantener una eficiencia de filtración óptima.

- **Rutina de mantenimiento:** Incluye revisiones periódicas y limpieza de mallas en tu rutina de mantenimiento de recolección de agua de lluvia. Este simple paso contribuye en gran medida a preservar la funcionalidad de tu sistema de filtración.

- **Filtros de cartucho:** Los filtros de cartucho se vuelven indispensables para una filtración más fina, especialmente en sistemas diseñados para agua potable. Estos filtros vienen en varias clasificaciones de micras, lo que le permite adaptar la filtración a los contaminantes específicos presentes en su región.

- **Clasificaciones de micras:** Elige filtros de cartucho con clasificaciones de micras apropiadas en función de la calidad del agua recolectada y los contaminantes que desea eliminar. Esta precisión garantiza la pureza del agua de lluvia recogida.

Tanques de almacenamiento

El destino final del agua de lluvia recolectada es el tanque de almacenamiento. Los tanques vienen en varios materiales, tamaños y formas, cada uno adaptado a necesidades específicas y limitaciones de espacio.

Materiales del tanque

La elección del material del tanque influye en la durabilidad, el costo y la calidad del agua. Considera las siguientes opciones en función de tus preferencias y requisitos específicos:

- **Tanques de polietileno:** Los tanques de polietileno livianos y rentables son adecuados para instalaciones sobre el suelo. Son resistentes a la corrosión y proporcionan una solución práctica para muchas aplicaciones.

- **Tanques de hormigón:** Duraderos y adecuados para instalaciones subterráneas, los tanques de hormigón ofrecen longevidad y estabilidad. Sin embargo, un sellado adecuado es esencial para evitar que los minerales se filtren en el agua almacenada.

- **Cisternas subterráneas:** Ocultos bajo tierra, estos tanques proporcionan soluciones que ahorran espacio. La elección de los materiales sigue siendo crucial para evitar la contaminación y garantizar la pureza del agua almacenada.

Consideraciones sobre el tamaño

El cálculo del tamaño ideal del tanque implica consideraciones como el área de captación, la precipitación media y el uso previsto. Los tanques de gran tamaño garantizan amplias reservas para los períodos más secos, lo que ofrece un amortiguador contra la escasez de agua.

- **Potencial de captación:** Evalúa el potencial de captación de tus superficies, incluidos los tejados y las estructuras de captación adicionales. Este cálculo constituye la base para determinar la capacidad de almacenamiento necesaria.

- **Precipitación media:** Considera la precipitación media anual de tu región. Estos datos ayudan a estimar el volumen potencial de agua recolectada, lo que ayuda a seleccionar un tanque de almacenamiento del tamaño adecuado.

- **Uso previsto:** Define el propósito de tu agua recolectada, ya sea para riego, uso doméstico o agua potable. Cada uso dicta el volumen requerido, lo que influye en el tamaño de su tanque de almacenamiento.

Sostenibilidad

Cada componente se ajusta mediante un diseño bien pensado, desde las superficies de captación hasta los tanques de almacenamiento.

- **Acto de equilibrio**: Lograr un equilibrio entre funcionalidad, estética y sostenibilidad es clave. Considera cómo cada componente contribuye no solo a la eficiencia de su sistema, sino también a su impacto general en el medio ambiente.

- **Responsabilidad de la administración**: Adopta el papel de un administrador responsable de los recursos hídricos. Las decisiones tomadas en el diseño e implementación de tu sistema de recolección de agua de lluvia se propagan a través del ecosistema más amplio, lo que refleja un compromiso con la sostenibilidad.

- **Cuidado continuo**: A medida que comiences a aprovechar la generosidad de la lluvia, recuerda que el cuidado continuo es esencial. El mantenimiento regular de los componentes garantiza la longevidad y la eficiencia de su sistema, lo que garantiza una continuación perfecta de la magia líquida.

En la siguiente sección, aprenderás sobre el intrincado proceso de diseño de un sistema de recolección de agua de lluvia adaptado a tus necesidades específicas y a las características únicas de tu entorno.

Consideraciones basadas en el uso previsto

La recolección de agua de lluvia transforma el arte de utilizar la lluvia en un recurso versátil y sostenible. Cada factor se ajusta cuidadosamente al uso previsto, ya sea nutrir la tierra a través del riego, elevar las tareas domésticas diarias o satisfacer la sed con agua potable. Es hora de profundizar en cada componente, explorando las complejidades y consideraciones que hacen que la recolección de agua de lluvia sea un esfuerzo personalizado y sostenible.

Sistemas de riego por goteo

El riego es una danza entre el agua y el suelo. Aquí, la precisión y la eficiencia ocupan un lugar central, con sistemas de riego por goteo que orquestan una sinfonía de gotas de agua para nutrir la tierra. Para aquellos que cultivan la tierra, el agua de lluvia recolectada se convierte en un salvavidas para los cultivos y la vegetación. El diseño de un sistema de riego requiere consideraciones que van más allá de la pureza, haciendo hincapié en el volumen y la eficiencia de la distribución. Es hora de explorar cómo se desarrolla este movimiento, asegurándose de que cada gota cumpla su propósito en la gran composición de la recolección de agua de lluvia.

- **Distribución eficiente del agua:** Los sistemas de riego por goteo minimizan el desperdicio gracias a su capacidad para suministrar agua con precisión a las zonas de las raíces de las plantas. Junto con los filtros adecuados, estos sistemas garantizan la distribución eficiente del agua, optimizando su uso para fines agrícolas.

- **Dimensionamiento para necesidades específicas:** El cálculo de la demanda de riego implica una comprensión matizada de los tipos de plantas, las características del suelo y el clima local. Un sistema bien diseñado alinea la disponibilidad de agua de lluvia con las necesidades específicas del espacio verde, promoviendo prácticas agrícolas sostenibles.

Sistemas de filtración para el hogar

En el contexto doméstico, el agua de lluvia eleva las tareas mundanas a prácticas sostenibles. Adaptar el sistema para uso doméstico implica abordar la calidad y distribución del agua para diversas necesidades domésticas.

- **Mejora de la calidad del agua:** Los sistemas de filtración domésticos desempeñan un papel fundamental para garantizar la calidad del agua para uso doméstico. El uso de filtros diseñados para eliminar contaminantes específicos, como filtros de sedimentos, carbón activado o purificación UV, mejora la pureza del agua de lluvia para las tareas diarias.

- **Integración perfecta:** Diseñar el sistema para que se integre a la perfección con la plomería doméstica es crucial. La incorporación de bombas de presión y redes de distribución garantiza un suministro fiable para las tareas diarias, transformando el agua de lluvia en un recurso sostenible para la vida diaria.

Agua potable

Para aquellos que se aventuran en el agua de lluvia potable, el diseño adquiere un mayor nivel de precisión. La filtración rigurosa, la desinfección y el cumplimiento de las normas sanitarias se vuelven primordiales.

- **Filtración multibarrera:** Emplea sistemas de filtración avanzados con un enfoque multibarrera. Esto puede incluir filtración de sedimentos, carbón activado, tratamiento UV y, en algunos casos, ósmosis inversa. Cada capa contribuye a la pureza general del agua de lluvia recolectada.

- **Monitoreo continuo:** Es esencial analizar regularmente el agua recolectada en busca de contaminantes. El cumplimiento de las normas sanitarias locales garantiza la potabilidad del agua cosechada, transformando la lluvia en una fuente segura y sostenible de agua potable.

Escalabilidad y adaptabilidad en el diseño

Un sistema eficaz de recolección de agua de lluvia no es solo una estructura estática. Es una entidad dinámica capaz de crecer. La escalabilidad garantiza que, a medida que evolucionan las necesidades, el sistema se expande para adaptarse al aumento de la demanda.

- **Componentes de gran tamaño:** Opte por superficies de captación y tanques de almacenamiento de gran tamaño. Esto proporciona un amortiguador para futuras expansiones sin necesidad de un rediseño sustancial, lo que permite que el sistema crezca en armonía con sus requisitos cambiantes.

- **Sistemas de transporte modulares:** Diseña canaletas y bajantes de forma modular. Esto permite adiciones o modificaciones sencillas a medida que se expanden las áreas de captación, lo que facilita una escalabilidad perfecta sin interrumpir la estructura existente.

Adaptabilidad

La naturaleza es dinámica, al igual que el entorno que rodea su sistema de recolección de agua de lluvia. Diseñar teniendo en cuenta la adaptabilidad garantiza la resiliencia frente a cambios y desafíos imprevistos.

- **Flexibilidad en la filtración:** Elige sistemas de filtrado con componentes modulares. Esto facilita los ajustes en función de los cambios en la calidad del agua o la introducción de nuevos contaminantes, lo que garantiza que el sistema pueda adaptarse a las condiciones cambiantes.

- **Controles sensibles a las inclemencias del tiempo:** Integre controles sensibles a las inclemencias del tiempo para los sistemas de riego. Esto asegura ajustes basados en pronósticos de lluvia, evitando el riego excesivo durante los períodos lluviosos. La adaptabilidad a los patrones climáticos cambiantes hace que el sistema sea receptivo y eficiente.

Al final, la recolección de agua de lluvia se trata de armonizar con los ritmos de la naturaleza. A medida que diseñas e implementas tu sistema, deja que el uso previsto guíe la composición, creando una obra maestra que transforma la lluvia en un recurso versátil y sostenible.

El proceso de diseño

La recolección de agua de lluvia no es solo un esfuerzo pragmático. Es una combinación de diseño bien pensado, planificación meticulosa e integración armoniosa con la naturaleza. A medida que profundizas en las complejidades del proceso de diseño, imagínalo como la composición de una pieza que resuena con la cadencia única de tu entorno. Estos son los pasos de este proceso creativo, donde cada decisión es una nota en la melodía de la sostenibilidad.

Paso 1: Evaluación del potencial de captación

Evaluar las características del techo

Evaluar el tipo, el tamaño y el material de su techo establece el tono arquitectónico de su sistema de recolección de agua de lluvia. Cada característica influye en el potencial de captación y en la calidad del agua.

- **Tipo:** Cada tipo presenta desafíos y oportunidades únicos, desde techos planos hasta diseños inclinados. Evalúa cómo los matices arquitectónicos afectan la escorrentía de agua y la eficiencia de la recolección.

- **Tamaño:** El tamaño de tu techo es un factor crucial para determinar el área de captación. Los techos más grandes ofrecen más potencial para la recolección de agua, pero también exigen consideraciones cuidadosas en el diseño del sistema.

- **Material:** El material de tu techo va más allá de la estética. Diferentes materiales pueden introducir contaminantes o mejorar la pureza del agua. Considera metales resistentes a la corrosión o materiales sintéticos duraderos para obtener resultados óptimos.

Explorar otras superficies de captación

Más allá del techo, las superficies de captación adicionales contribuyen a la riqueza de sus esfuerzos de recolección de agua. Una evaluación exhaustiva garantiza una utilización óptima de las superficies disponibles.

- **Paredes y toldos**: Las superficies verticales, como las paredes y los toldos, complementan el potencial de captación de su techo. Evalúa su contribución a la recolección general de agua y téngalos en cuenta en tu diseño.

- **Superficies permeables**: Evalúa las superficies permeables como entradas de vehículos o patios. Si bien es posible que estos no contribuyan directamente a la captación de agua, comprender su papel en el flujo de agua ayuda a diseñar un sistema eficiente.

RAINWATER HARVESTING

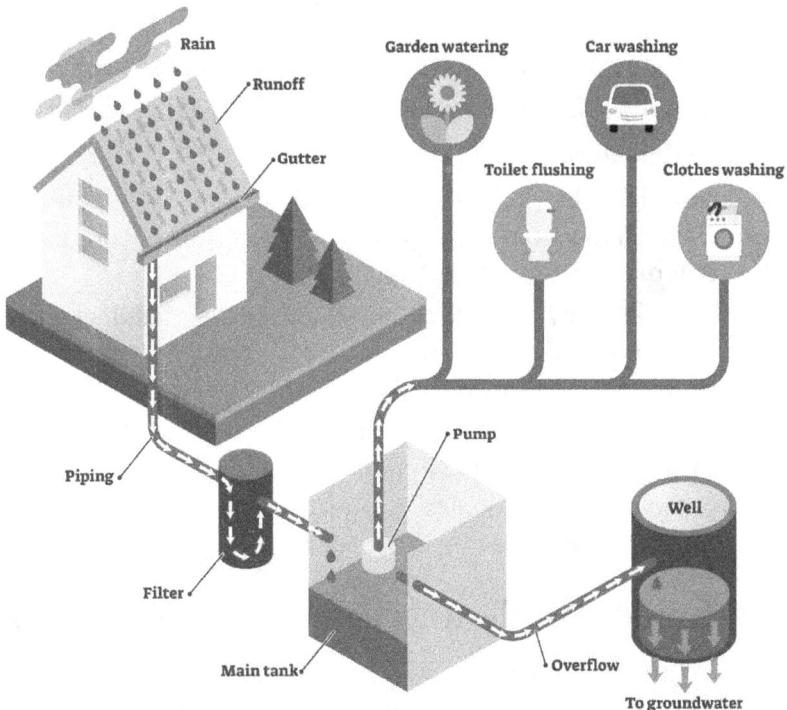

Más allá del techo, las superficies de captación adicionales contribuyen a la riqueza de sus esfuerzos de recolección de agua

Paso 2: Calcular la demanda de agua

Determinar el uso previsto

Definir claramente el propósito del agua recolectada hace que sus objetivos sean más claros y que sus esfuerzos se enfoquen. Cada uso dicta el volumen y la calidad requeridos para el riego, el uso doméstico o el agua potable.

- **Riego:** Si tu enfoque está en el riego, la demanda puede variar según los tipos de plantas y el tamaño del área ajardinada. Comprender las necesidades específicas de agua de tus plantas guía el proceso de diseño.

- **Uso doméstico:** Para uso doméstico, considere actividades diarias como cocinar, limpiar y bañarse. Describir claramente el uso previsto garantiza que su sistema se alinee con las necesidades prácticas de agua.

- **Agua potable:** Si tu objetivo es recolectar agua para beber, los más altos estándares de pureza son esenciales. El diseño debe incorporar componentes avanzados de filtración y purificación.

Calcular la demanda

En función del uso previsto, calcula la demanda de agua diaria y estacional. Esto sirve como base para dimensionar los componentes y diseñar los sistemas de transporte y almacenamiento.

- **Demanda diaria:** Considera los requisitos diarios de agua para el propósito elegido. Esto incluye comprender los tiempos pico de uso y diseñar el sistema para satisfacer estas demandas.

- **Variaciones estacionales:** Reconoce cómo las necesidades de agua pueden variar a lo largo de las estaciones. El diseño para las fluctuaciones estacionales garantiza un suministro confiable de agua recolectada durante todo el año.

Paso 3: Selección de los componentes adecuados

Diseño de techos y captaciones

La elección de los materiales del techo y el diseño de las superficies de captación es donde la estética, la durabilidad y la eficiencia se unen armoniosamente.

- **Estética:** El atractivo visual de su techo y superficies de captación es parte integral del diseño general. Considera materiales y diseños que complementen el estilo arquitectónico de su propiedad.

- **Durabilidad:** La longevidad es una consideración clave. Selecciona materiales que resistan la intemperie y los factores ambientales, asegurando la eficiencia sostenida de su sistema de recolección de agua de lluvia.

- **Eficiencia:** Lograr el equilibrio adecuado entre estética y durabilidad garantiza que el techo y las superficies de captación canalicen el agua de manera eficiente hacia el sistema de recolección.

Sistemas de transporte

La selección de sistemas de canaletas y bajantes afecta los canales a través de los cuales fluye el agua. Incorpore desviadores de primera descarga y establezca protocolos de mantenimiento regulares.

Sistemas de canaletas: Elige sistemas de canaletas adecuados para el área de captación. Ten en cuenta factores como el material, el tamaño y la forma para optimizar el flujo de agua. La limpieza y el mantenimiento regulares evitan obstrucciones.

- **Bajantes:** Las bajantes eficientes conducen el agua hacia abajo desde el techo hasta los tanques de almacenamiento. Colócalas estratégicamente para maximizar la captura de agua y minimizar la escorrentía.

- **Desviadores de primera descarga:** Integra desviadores de primera descarga para minimizar la escorrentía inicial que puede transportar contaminantes. Esto mejora la calidad general del agua cosechada.

Soluciones de filtración

Elige los componentes de filtración adecuados en función de los objetivos de calidad del agua. Las pantallas de malla, los filtros de cartucho o los sistemas avanzados de purificación garantizan la pureza deseada del agua.

- **Pantallas de malla:** Actúan como la primera línea de defensa, evitando que entren residuos más grandes en el sistema. La limpieza regular mantiene su eficacia.

- **Filtros de cartucho:** Componentes de filtración de nivel medio que capturan partículas más pequeñas. Elige cartuchos en función de sus objetivos de calidad del agua.

- **Purificación avanzada:** Considera sistemas de purificación avanzados como filtros UV u ósmosis inversa para fines de agua potable. Estos garantizan el más alto nivel de pureza del agua.

Tanques de almacenamiento

Considere los materiales y el tamaño del tanque en función del potencial de captación y la demanda de agua. Ten en cuenta la escalabilidad para futuras expansiones, lo que permite que su sistema crezca con las necesidades cambiantes.

- **Selección de materiales:** Elige materiales que sean duraderos, no tóxicos y resistentes a la corrosión. Los más comunes son el polietileno, la fibra de vidrio y el hormigón.

- **Consideraciones de tamaño:** El tamaño de su tanque de almacenamiento debe alinearse con el potencial de captación y la demanda de agua. Calcula la capacidad de almacenamiento necesaria para garantizar un suministro de agua fiable.

- **Escalabilidad:** Opta por tanques de almacenamiento de gran tamaño y considera diseños de tanques modulares. Esto se adapta a la expansión futura sin la necesidad de un rediseño significativo.

El tamaño de sus tanques de almacenamiento debe alinearse tanto con el potencial de captación como con la demanda de agua

Paso 4: Integración del sistema y planificación de la distribución

Integración con estructuras existentes

Integra a la perfección el sistema de captación de agua de lluvia con las estructuras existentes. Esto incluye la plomería para uso doméstico, las redes de riego y los posibles puntos de expansión.

- **Integración de plomería:** Conecta el sistema de recolección de agua de lluvia a la plomería existente para uso doméstico. Asegúrate de que el agua recolectada se integre perfectamente con las fuentes de agua convencionales.

- **Redes de riego:** Si el sistema se utiliza para riego, planifica la integración del suministro de agua de lluvia con las redes de riego existentes o nuevas. Distribuye el agua de manera eficiente a las áreas ajardinadas.

Planificación de la distribución

Planifica la distribución eficiente del agua en función del uso previsto. Esto puede implicar bombas de presión, redes de riego por goteo o ajustes de plomería en el hogar.

- **Bombas de presión:** Si es necesario, incorpora bombas de presión para garantizar una presión de agua adecuada para uso doméstico o riego. La distribución adecuada depende de mantener una presión constante.

- **Redes de riego por goteo:** Para fines de riego, diseña redes de riego por goteo que entreguen agua directamente a la base de las plantas. Esto conserva el agua y asegura una hidratación específica.

- **Ajustes de plomería en el hogar:** Si se integra con el uso doméstico, planifica ajustes en la plomería para facilitar la incorporación sin problemas del agua recolectada en las actividades diarias.

Paso 5: Características de adaptabilidad y escalabilidad

Adiciones de transporte modular

Diseña canaletas y bajantes de forma modular. Esto permite adiciones o modificaciones fáciles a medida que se expanden las áreas de captación.

- **Diseño modular:** Crea un sistema de canaletas y bajantes que se pueda extender o modificar fácilmente. Esto garantiza la adaptabilidad a medida que amplía el alcance de la recolección de agua de lluvia.

- **Áreas de captación futuras:** Anticipa las posibles áreas de captación futuras y diseña el sistema para acomodar estas adiciones. Este enfoque orientado al futuro evita la necesidad de revisiones significativas.

Almacenamiento escalable

Opta por tanques de almacenamiento de gran tamaño y considera diseños de tanques modulares. Esto se adapta a la expansión futura sin la necesidad de un rediseño significativo.

- **Tanques de gran tamaño:** Selecciona tanques de almacenamiento con una capacidad que exceda su demanda actual. Este excedente de capacidad prepara su sistema para mayores necesidades de agua en el futuro.

- **Diseños de tanques modulares:** Elige diseños de tanques que permitan la fácil adición de nuevos módulos. Este enfoque escalable garantiza que su capacidad de almacenamiento pueda evolucionar con los requisitos cambiantes.

Sistemas de filtración adaptables

Elige sistemas de filtración con componentes modulares. Esto facilita los ajustes en función de los cambios en la calidad del agua o la introducción de nuevos contaminantes.

- **Filtración modular:** Seleccione sistemas de filtración con componentes intercambiables. Esto le permite actualizar o modificar el sistema para abordar los problemas cambiantes de calidad del agua.

- **Filtración específica de contaminantes:** Si la fuente de agua cambia, como un aumento de la sedimentación, elige componentes de filtración dirigidos específicamente a los contaminantes identificados. Esto garantiza la pureza continua del agua.

Paso 6: Controles sensibles a las inclemencias del tiempo (opcional)

Implementación de controles inteligentes

Para los sistemas de riego, considere controles que respondan a las inclemencias del tiempo. Estos sistemas ajustan los horarios de riego en función de los datos meteorológicos en tiempo real, evitando el riego excesivo durante los períodos lluviosos.

- **Controladores inteligentes:** Incorpora controladores sensibles a la intemperie en su sistema de riego. Estos controladores utilizan datos meteorológicos en tiempo real para ajustar los programas de riego, optimizando el uso del agua.

- **Sensores de lluvia:** Integra sensores de lluvia que suspenden automáticamente el riego durante las lluvias. Esto garantiza que el agua de lluvia recolectada no se desperdicie y promueve la conservación del agua.

Protocolos de monitoreo y ajuste

Establecer protocolos para monitorear el rendimiento del sistema. Las comprobaciones periódicas, especialmente después de fenómenos meteorológicos importantes, garantizan un funcionamiento óptimo y permiten realizar los ajustes necesarios.

- **Controles de rutina:** Programa controles de rutina de todo el sistema de recolección de agua de lluvia. Inspecciona canaletas, bajantes, sistemas de filtración y tanques de almacenamiento para identificar y abordar rápidamente cualquier problema.

- **Controles posteriores a eventos meteorológicos:** Después de eventos climáticos significativos, realiza inspecciones exhaustivas. Las fuertes lluvias o tormentas pueden afectar a los componentes del sistema, y las comprobaciones proactivas evitan posibles problemas.

- **Protocolos de ajuste:** Desarrolla protocolos claros para realizar ajustes en el sistema. Los ajustes sistemáticos mantienen la eficiencia del sistema, ya sea adaptándose a los cambios en la calidad del agua o ampliando el área de captación.

Un plan para el agua sostenible

Su sistema de recolección de agua de lluvia es una configuración funcional y un modelo para la administración sostenible del agua. Cada decisión, desde la selección de la cuenca hasta el tamaño de los tanques de almacenamiento, se convierte en un trazo en el lienzo de la responsabilidad ambiental.

- **Gestión holística del agua:** El diseño de un sistema de captación de agua de lluvia es un enfoque holístico de la gestión del agua. Es una elección consciente para nutrir el regalo de la naturaleza de manera responsable.

- **Adaptabilidad para el futuro:** A medida que te enfrentas a un mundo en constante cambio, tu sistema de recolección de agua de lluvia se convierte en un faro de adaptabilidad. La escalabilidad y la flexibilidad garantizan que cumpla con los desafíos y oportunidades del futuro.

- **Alcance educativo**: Comparte tus ideas de diseño con tu comunidad. Fomentar la conciencia y la comprensión de la recolección de agua de lluvia como una práctica sostenible. Anima a otros a embarcarse en el viaje de diseño de sus sistemas.

El intrincado proceso de diseño de la recolección de agua de lluvia es una composición que armoniza con los ritmos naturales de su entorno. Cada decisión, desde la selección de los materiales del techo hasta la integración de las redes de distribución, contribuye al flujo continuo de su melodía de recolección de agua. Deja que tu sistema de recolección de agua de lluvia sea un testimonio del arte de la vida sostenible, donde cada gota es una nota en la sinfonía de la administración del agua.

Capítulo 5: Sistemas de almacenamiento: barriles, canaletas y tanques

La recolección de agua de lluvia es una práctica sostenible que conserva el agua y proporciona una alternativa ecológica para diversos fines. Elegir la solución de almacenamiento adecuada es primordial para el éxito de su empresa de recolección de agua de lluvia. Desde la simplicidad de las canaletas y barriles hasta la presencia sustancial de tanques, comprender las diversas opciones de almacenamiento le permitirá tomar decisiones informadas que se alineen con sus necesidades, presupuesto y consideraciones ambientales.

Almacenamiento a corto plazo: canaletas y barriles

La recolección de agua de lluvia se encuentra a la vanguardia de las prácticas sostenibles, ofreciendo un enfoque consciente para la conservación del agua. Las canaletas y los barriles son dos componentes críticos de las etapas iniciales de la recolección de agua de lluvia. Estas soluciones de almacenamiento a corto plazo desempeñan un papel fundamental en la recolección eficiente del agua de lluvia, proporcionando una fuente inmediata y accesible para una multitud de propósitos. Desde los materiales y las capacidades hasta las ventajas y desventajas, es hora de navegar por las complejidades de estos componentes esenciales.

Canales

Las canaletas, los arquitectos silenciosos de la recolección de agua de lluvia, forman la fase inaugural de esta práctica sostenible

Stilfehler, CC BY-SA 4.0 <https://creativecommons.org/licenses/by-sa/4.0>, vía Wikimedia Commons: https://commons.wikimedia.org/wiki/File:Upstate_New_York_Seamless_Aluminum_Gutters_02.jpg

Las canaletas, los arquitectos silenciosos de la recolección de agua de lluvia, forman la fase inaugural de esta práctica sostenible. Como primera línea de defensa, las canaletas están fabricadas con materiales como aluminio, acero o PVC. Estos canales sin pretensiones, elegantemente colocados a lo largo de la línea del techo, juegan un papel crucial en la conducción del agua de lluvia hacia las bajantes, iniciando el viaje del agua recolectada. Aquí hay una exploración de los diversos materiales, capacidades, ventajas e inconvenientes de las canaletas, desentrañando la simplicidad y efectividad que aportan al almacenamiento de agua de lluvia a corto plazo.

Materiales

A menudo fabricadas con materiales como aluminio, acero o PVC, las canaletas sirven como conductos esenciales que recogen el agua de lluvia a lo largo de la línea del techo, canalizándola hacia los bajantes. Cada material aporta su conjunto único de ventajas al ecosistema de recolección de agua de lluvia.

- **Aluminio:** Reconocidas por su naturaleza liviana y resistencia a la corrosión, las canaletas de aluminio son la opción preferida. Su durabilidad y facilidad de manejo los convierten en soluciones prácticas y eficientes para los propietarios de viviendas que buscan un sistema confiable de recolección de agua de lluvia.

- **Acero:** Reconocidos por su robustez, los canalones de acero son una opción duradera. Sin embargo, la susceptibilidad a la oxidación requiere un mantenimiento regular para evitar el deterioro con el tiempo, lo que los hace adecuados para aquellos que estén dispuestos a invertir tiempo en el mantenimiento.

- **PVC:** Como alternativa rentable, las canaletas de PVC son resistentes tanto a la corrosión como al óxido. La versatilidad de las canaletas de PVC es una característica destacada, ya que les permite adaptarse sin problemas a varios tipos y formas de techo.

Capacidades

La eficacia de las canaletas está estrechamente ligada a su tamaño y a los patrones regionales de precipitación. El mantenimiento regular, que incluye tareas como la limpieza de escombros, es imperativo para garantizar un flujo de agua óptimo y evitar el desbordamiento durante las fuertes lluvias.

- **Variación de tamaño:** Las canaletas vienen en varios tamaños, adaptándose a las diversas necesidades de las diferentes propiedades. Las canaletas más grandes manejan volúmenes de agua más significativos, lo que las hace adecuadas para regiones con mayores precipitaciones.

- **Consideraciones sobre la precipitación:** La capacidad de las canaletas está directamente influenciada por la cantidad de lluvia en un área específica. Comprender los patrones regionales de lluvia es crucial para determinar el tamaño adecuado de la canaleta para recolectar y manejar el agua de lluvia de manera efectiva.

- **Integración con bajantes:** La perfecta integración con bajantes también influye en la capacidad. Los sistemas correctamente diseñados garantizan que el agua viaje de manera eficiente desde las canaletas hasta los bajantes, evitando el desbordamiento y maximizando el almacenamiento.

- **Impacto en el mantenimiento:** El mantenimiento regular, como la limpieza de hojas y escombros, es primordial para garantizar un flujo de agua óptimo. Las canaletas bien mantenidas administran de manera efectiva mayores capacidades sin el riesgo de obstrucciones o desbordamientos.

Ventajas

Las canaletas cuentan con varias ventajas, lo que las convierte en una opción atractiva para el almacenamiento de agua de lluvia a corto plazo:

- **Rentable:** Las canaletas presentan una opción económica, democratizando la recolección de agua de lluvia al hacerla accesible a un amplio espectro de propietarios.
- **Facilidad de instalación:** La simplicidad de los sistemas de canaletas se traduce en una fácil instalación, lo que a menudo los convierte en una opción popular para aquellos que disfrutan participando en proyectos de bricolaje en sus hogares.
- **Versatilidad:** La adaptabilidad de las canaletas a diferentes tipos y formas de techo se suma a su atractivo. Esta versatilidad los hace adecuados para una variedad de diseños arquitectónicos.

Inconvenientes

- **Capacidad de almacenamiento limitada:** Las canaletas no están diseñadas para un almacenamiento extenso de agua, lo que las hace más adecuadas para el uso inmediato en lugar de las soluciones de almacenamiento a largo plazo.
- **Requisitos de mantenimiento:** Es necesaria una limpieza frecuente para evitar obstrucciones y desbordamientos, lo que exige la atención regular del propietario. Si bien el mantenimiento es sencillo, es un compromiso continuo.

Barriles

A medida que avanza en el viaje de recolección de agua de lluvia, los barriles suben al escenario, proporcionando una elegante mejora a las soluciones de almacenamiento a corto plazo. Colocados estratégicamente debajo de las bajantes, estos contenedores sin pretensiones elevan la recogida de agua de lluvia, ofreciendo funcionalidad y un toque estético al proceso. En esta sección, descubrirá los diversos materiales, capacidades, ventajas e inconvenientes de los barriles de lluvia, desentrañando su papel en la mejora del almacenamiento de agua de lluvia a corto plazo.

Materiales

Los barriles de lluvia colocados estratégicamente debajo de los bajantes complementan las canaletas en la recolección de agua de lluvia. Estos barriles vienen en varios materiales, cada uno con méritos únicos, lo que agrega una capa de personalización a la experiencia de recolección de agua de lluvia.

- **Plástico:** Ligeros y resistentes a la corrosión, los barriles de plástico son una opción popular y práctica. Su facilidad de manejo y su idoneidad para diversos climas los convierten en una opción para muchos propietarios.

- **Madera:** Para aquellos que buscan un toque de estética rústica, los barriles de madera encajan a la perfección. Si bien agregan un elemento atractivo al paisaje del jardín, requieren más mantenimiento para preservar su encanto.

- **Metal:** Conocidos por su durabilidad, los barriles de metal son resistentes y elegidos por su longevidad. La contrapartida es su susceptibilidad a la oxidación, lo que requiere que sopese los beneficios frente a las posibles necesidades de mantenimiento.

Capacidades

Los barriles de lluvia ofrecen una gama de capacidades, generalmente de 50 a 100 galones. Esta variabilidad le permite seleccionar un tamaño que se alinee con sus necesidades de agua y el espacio disponible en su propiedad.

- **Opciones de tamaño:** Los barriles de lluvia vienen en varios tamaños para satisfacer los diferentes requisitos de uso. Los barriles más pequeños son adecuados para áreas de espacio limitado, mientras que los más grandes se adaptan a mayores demandas de agua.

- **Modularidad:** Puedes instalar varias barricas de forma modular, creando un sistema de almacenamiento colectivo con mayor capacidad. Esta modularidad proporciona flexibilidad para adaptarse a los patrones cambiantes de consumo de agua.

- **Personalización:** Algunos barriles están diseñados con capacidades personalizables, lo que le permite elegir el tamaño que mejor se adapta a tus necesidades específicas. Esta personalización garantiza que el barril de lluvia se alinee perfectamente con los requisitos de la propiedad.

- **Características de prevención de desbordamiento:** Muchos barriles de lluvia incorporan características como válvulas de desbordamiento o salidas para administrar capacidades más altas de manera efectiva. Estos mecanismos aseguran que el exceso de agua se dirija lejos del barril, evitando el desbordamiento y el posible desperdicio de agua.

Ventajas

- **Asequibilidad:** Los barriles de lluvia son rentables, se alinean con las consideraciones presupuestarias y hacen que la recolección de agua de lluvia sea accesible para una amplia audiencia.

- **Fácil instalación:** Al igual que las canaletas, los barriles de lluvia son relativamente fáciles de instalar, lo que a menudo los hace populares para proyectos de bricolaje. Esta simplicidad se suma a su atractivo, especialmente para aquellos con un enfoque práctico para las mejoras en el hogar.

- **Acceso inmediato:** Los barriles de lluvia ofrecen acceso inmediato al agua de lluvia recolectada, lo que facilita actividades como regar plantas o lavar superficies exteriores sin demora.

Inconvenientes

- **Capacidad de almacenamiento limitada:** Al igual que las canaletas, los barriles de lluvia no están diseñados para un almacenamiento extenso. Son los más adecuados para el uso a corto plazo, haciendo hincapié en la accesibilidad inmediata sobre las necesidades de almacenamiento prolongadas.

- **Requisitos de mantenimiento:** La limpieza y el filtrado regulares son necesarios para garantizar la calidad del agua y evitar problemas como la reproducción de mosquitos. Si bien el mantenimiento es crucial, es un aspecto manejable para aquellos comprometidos con cosechar los beneficios de la recolección de agua de lluvia.

Comprender los materiales, las capacidades, las ventajas y los inconvenientes de las canaletas y los barriles es fundamental para tomar decisiones informadas. Los propietarios de viviendas que buscan embarcarse en un viaje de recolección de agua de lluvia pueden combinar la eficiencia de las canaletas con la accesibilidad de los barriles para crear un sistema completo y sostenible. Al adoptar estas soluciones a corto plazo, contribuye a sus esfuerzos de conservación del agua y al movimiento más amplio hacia una vida consciente del medio ambiente.

Tomar una decisión informada sobre las soluciones de recolección de agua de lluvia a corto plazo requiere una consideración cuidadosa de las necesidades individuales, las características de la propiedad y el compromiso con el mantenimiento. La sinergia de canaletas y barriles proporciona un enfoque equilibrado, ofreciendo eficiencia y accesibilidad a los propietarios que buscan integrar la sostenibilidad en su vida diaria.

Almacenamiento a largo plazo: tanques

En la búsqueda de una gestión sostenible del agua, las soluciones de recolección de agua de lluvia a largo plazo se vuelven primordiales, especialmente para aquellos que enfrentan lluvias poco frecuentes o escenarios de alta demanda de agua. Los tanques emergen como actores incondicionales en este campo, ofreciendo capacidades de almacenamiento sustanciales para satisfacer las necesidades de aplicaciones residenciales, comerciales y agrícolas.

Materiales

Los tanques, la piedra angular de la recolección de agua de lluvia a largo plazo, están fabricados con una variedad de materiales, cada uno de los cuales presenta un conjunto único de características.

- **Tanques de polietileno:** Ligeros y resistentes a la corrosión, los tanques de polietileno ofrecen una solución práctica para aquellos que buscan durabilidad sin la carga de un peso excesivo. Su versatilidad se extiende a las instalaciones sobre el suelo, lo que las hace accesibles para diversas aplicaciones.

- **Tanques de fibra de vidrio:** Reconocidos por su durabilidad, los tanques de fibra de vidrio son una opción robusta, particularmente adecuada para instalaciones subterráneas. Esta característica preserva la estética de la propiedad y optimiza el uso del espacio. Los tanques de fibra de vidrio son resistentes a la corrosión, lo que los convierte en una opción confiable a largo plazo.

- **Tanques de hormigón:** Los tanques de hormigón robustos y resistentes son conocidos por su durabilidad. Sin embargo, su peso es un factor limitante y, por lo general, se emplean en escenarios en los que es factible la instalación sobre el suelo. Los tanques de hormigón proporcionan una solución sólida y duradera para las necesidades de almacenamiento de agua de lluvia extensas.

- **Tanques de acero:** Robustos y capaces de soportar presiones externas, los tanques de acero son una opción común para instalaciones sobre el suelo. Sin embargo, son propensos a oxidarse, lo que requiere una cuidadosa consideración de las prácticas de mantenimiento para garantizar su longevidad.

Capacidades

El atractivo de los tanques radica en su capacidad para satisfacer un amplio espectro de necesidades de almacenamiento de agua, desde aplicaciones residenciales modestas hasta requisitos comerciales y agrícolas a gran escala.

- **Rango de capacidades:** Los tanques ofrecen una amplia gama de capacidades, adaptándose a las demandas específicas de varios usuarios. Desde unos pocos cientos de galones hasta varios miles, la flexibilidad en el tamaño garantiza que las personas y las empresas puedan adaptar sus sistemas de recolección de agua de lluvia a sus requisitos únicos.

- **Aplicaciones residenciales:** Las capacidades de tanque más pequeñas a menudo son adecuadas para aplicaciones residenciales, ya que brindan a los propietarios una fuente de agua confiable y sostenible para uso doméstico, paisajismo y otras necesidades domésticas.

- **Necesidades comerciales y agrícolas:** Las capacidades de tanques más grandes encuentran su nicho en entornos comerciales y agrícolas donde la demanda de agua es más sustancial. Los tanques son fundamentales para garantizar un suministro de agua constante y suficiente para los cultivos, el ganado y los procesos industriales.

Ventajas

Los tanques aportan muchas ventajas, lo que los hace indispensables para aquellos que buscan soluciones robustas y duraderas para la recolección de agua de lluvia.

- **Capacidad de almacenamiento sustancial**: La principal fortaleza de los tanques radica en su capacidad para almacenar volúmenes significativos de agua, lo que los hace ideales para regiones con lluvias poco frecuentes o áreas que enfrentan una alta demanda de agua. Esta característica le brinda un suministro de agua confiable y constante incluso durante períodos secos.

- **Personalización para instalación subterránea:** Los tanques se pueden personalizar para instalación subterránea. Son una opción particularmente valiosa para aquellos que buscan preservar el espacio sobre el suelo o mantener la estética de la propiedad. Esta configuración subterránea mejora la eficiencia del espacio y protege los tanques de los elementos externos.

- **Versatilidad en las aplicaciones:** Los tanques se adaptan a una amplia gama de aplicaciones, desde la conservación de agua residencial hasta las operaciones agrícolas y comerciales a gran escala. Su adaptabilidad los posiciona como soluciones versátiles para diversas necesidades de almacenamiento de agua.

Inconvenientes

Si bien los tanques ofrecen beneficios sustanciales, es esencial reconocer las consideraciones y los desafíos asociados con su implementación.

- **Costos iniciales más altos:** En comparación con las soluciones a corto plazo como canaletas y barriles, los tanques tienen costos iniciales más altos. La inversión requerida para comprar e instalar tanques es una consideración importante para aquellos que manejan restricciones presupuestarias.

- **Se requiere instalación profesional:** La instalación de tanques, especialmente en configuraciones personalizadas o subterráneas, a menudo requiere asistencia profesional. Se suma a los costes generales y subraya la importancia de garantizar que la instalación se lleve a cabo con precisión.

- **El mantenimiento regular es crucial:** El mantenimiento regular es imperativo para garantizar la longevidad del tanque y una funcionalidad óptima. Incluye la comprobación de la corrosión, la limpieza y la resolución de cualquier problema potencial con prontitud. Ignorar el mantenimiento conducirá al deterioro y reducirá la vida útil del sistema.

Implementación de tanques

A medida que navega por la recolección de agua de lluvia a largo plazo, la implementación de tanques surge como un paso fundamental hacia la construcción de resiliencia hídrica. Comprender los materiales, las capacidades, las ventajas y los inconvenientes de los tanques equipa a las personas y a las empresas para tomar decisiones informadas que se alineen con sus necesidades y circunstancias específicas.

- **Selección de materiales:** Elegir el material adecuado para un tanque implica un delicado equilibrio entre la durabilidad, las consideraciones de peso y la aplicación prevista. Los tanques de polietileno, con su naturaleza liviana y resistencia a la corrosión, son ideales para instalaciones residenciales sobre el suelo. Los tanques de fibra de vidrio, con su durabilidad e idoneidad para uso subterráneo, ofrecen una solución discreta que no compromete la estética de la propiedad. Los tanques de hormigón, aunque más pesados, proporcionan robustez para diversas aplicaciones, mientras que los tanques de acero, que también son resistentes, requieren un mantenimiento diligente para combatir el óxido.

- **Cálculo de las capacidades:** La determinación de la capacidad adecuada del tanque depende de la evaluación precisa de la demanda de agua. Los usuarios residenciales pueden encontrar capacidades más pequeñas suficientes para las necesidades diarias, mientras que aquellos que se dedican a la agricultura o a actividades comerciales requieren tanques más grandes para un suministro de agua constante y confiable. Comprender los patrones regionales de precipitación y la frecuencia de los períodos secos ayuda a afinar la capacidad para satisfacer las necesidades reales.

- **Ventajas para aplicaciones variadas:** La versatilidad de los tanques brilla en su capacidad para atender un espectro de aplicaciones. En un entorno residencial, los tanques son una fuente de agua sostenible para las actividades diarias, el riego de jardines y la preparación para emergencias. Para las empresas comerciales, los tanques proporcionan un suministro confiable para los procesos industriales, reduciendo la dependencia de fuentes de agua externas. En la agricultura, donde el agua es un salvavidas para los cultivos y el ganado, los tanques garantizan un suministro constante, contribuyendo a la sostenibilidad y la productividad.

- **Mitigación de inconvenientes:** Si bien los inconvenientes asociados con los tanques son notables, la planificación proactiva mitiga los posibles desafíos. Abordar los costos iniciales más altos implica considerar los beneficios a largo plazo y el retorno de la inversión que brindan los tanques. Buscar asistencia profesional durante la instalación garantiza que el sistema esté configurado correctamente, maximizando su eficiencia y vida útil. Por último, el mantenimiento regular debe considerarse como una inversión proactiva y no como una necesidad reactiva, salvaguardando la longevidad y la funcionalidad del sistema de captación de agua de lluvia.

El uso de tanques en un sistema de recolección de agua de lluvia no es solo una opción práctica. Es un compromiso con las prácticas sostenibles del agua. A medida que las personas, las comunidades y las empresas se esfuerzan por reducir su huella ambiental, el papel de los tanques en la conservación del agua se vuelve cada vez más fundamental. La inversión en tanques trasciende la mera adquisición de un sistema de almacenamiento. Simboliza una dedicación a la gestión responsable del agua y una postura proactiva para asegurar los recursos hídricos para el futuro.

A medida que integras tanques en tus esfuerzos de recolección de agua de lluvia, contribuyes a la seguridad hídrica personal y al movimiento más amplio que promueve la resiliencia hídrica. La adopción de soluciones a largo plazo, como los tanques, representa un paso colectivo hacia un futuro más sostenible y consciente del agua, en el que cada gota se valore, conserve y utilice con precisión.

Mantenimiento e integración

Un sistema de recolección de agua de lluvia bien mantenido no es solo un reservorio para la conciencia ambiental, sino una inversión en eficiencia y longevidad. Ya sea que la opción de almacenamiento elegida sean barriles, tanques o una combinación de ambos, el mantenimiento de rutina es la clave de su efectividad. Es hora de sumergirse en los detalles para asegurarse de que su sistema funcione como un instrumento finamente afinado.

Canales

1. **Limpieza regular:** La primera línea de defensa en la recolección de agua de lluvia son las canaletas. Estos conductos dirigen la lluvia desde el techo hacia el sistema de almacenamiento. La limpieza regular es primordial para evitar obstrucciones y garantizar un flujo suave de agua. El flujo se restringe si está obstruido, al igual que el colesterol que bloquea los vasos sanguíneos. La limpieza regular mantiene el camino despejado y fluido.

2. **Inspección y reparación:** Echa un vistazo más de cerca a sus canaletas periódicamente. ¿Están caídas o dañadas? Repare cualquier problema con prontitud para mantener su integridad estructural. Las canaletas, al igual que un instrumento bien afinado, necesitan ajustes ocasionales. Aprieta los tornillos sueltos o reemplace las secciones dañadas para mantener todo en armonía.

3. **Comprobaciones de fugas:** Las conexiones entre las canaletas y los bajantes son posibles puntos de fuga. Inspecciona regularmente estas uniones y repara cualquier fuga con prontitud. Una pequeña fuga interrumpirá toda la actuación.

Barriles

1. **Limpieza interior:** El interior de sus barricas es un caldo de cultivo para posibles problemas, especialmente el crecimiento de algas. La limpieza regular evita estos huéspedes verdes no deseados.

2. **Inspección de grietas y fugas:** Los barriles, como cualquier recipiente, son susceptibles a grietas y fugas. Inspecciónelos periódicamente y repare rápidamente cualquier daño. Al igual que un músico revisa su instrumento en busca de grietas o deformaciones, usted debe inspeccionar sus barriles. Una pequeña grieta puede parecer insignificante, pero conduce a una pérdida del preciado líquido.

3. **Asegurar la tapa:** La tapa de su barril es su primera línea de defensa contra los escombros y la contaminación. Asegúrese de que esté bien colocada para mantener la pureza del agua de lluvia recolectada.

Tanques

1. **Inspecciones estructurales:** Al ser estructuras más grandes, los tanques requieren inspecciones periódicas para detectar fugas o daños estructurales. La detección temprana de estos problemas previene problemas más extensos. Un tanque con daños estructurales es un edificio con cimientos comprometidos. Las inspecciones periódicas garantizan que todo esté en buen estado.

2. **Limpieza interior:** La acumulación de sedimentos en los tanques reduce su eficiencia. Limpie regularmente el interior del tanque para evitar esto, asegurando un espacio despejado y sin obstrucciones para el almacenamiento de agua. La limpieza rutinaria mantiene todo en óptimas condiciones.

3. Monitoreo del sistema de filtración: Si tu tanque tiene un sistema de filtración, vigílalo regularmente para obtener un rendimiento óptimo. Limpia o reemplaza los filtros según sea necesario. Los filtros en un sistema de recolección de agua de lluvia son como las cuerdas de una guitarra. La afinación regular (limpieza o reemplazo) asegura que produzcan la melodía deseada.

Armonizar funcionalidad y estética

1. **Ubicación estratégica:** Considera la ubicación estratégica de tus sistemas de almacenamiento. Optimiza la recolección de agua mientras minimizas el impacto visual en tu propiedad. Colocar los tanques estratégicamente es como organizar los muebles en una habitación. Debe ser funcional (proporcionar asientos o almacenamiento) sin sobrecargar el espacio visual.

2. **Estética:** Elige opciones de almacenamiento que complementen la estética de tu propiedad. Ya sea que se trate de las líneas elegantes de un tanque o el encanto rústico de los barriles, asegúrate de que se alinee con el tema visual. Debe mejorar, no restar, la estética general de su propiedad.

3. **Paisajismo:** Integra sistemas de almacenamiento en tu diseño de paisajismo. Trátalos como elementos funcionales dentro de la estética general, armonizando la naturaleza y la función. Tu sistema de almacenamiento es parte de una orquesta de jardín. Cada elemento desempeña su papel, contribuyendo a un hermoso diseño.

4. **Accesibilidad:** Asegúrate de que sus sistemas de almacenamiento sean fácilmente accesibles para el mantenimiento. Sin embargo, considera los aspectos visuales para mantener el atractivo de la propiedad. Debe ser práctico para el mantenimiento, pero no debe distraer la atención de la estética de la propiedad.

La interacción armoniosa del mantenimiento y la integración es la clave para el éxito de un sistema de captación de agua de lluvia. El mantenimiento regular garantiza el funcionamiento eficiente de tu sistema, mientras que una integración cuidadosa mejora el atractivo visual de tu propiedad. Al igual que un hábil director de orquesta, tú diriges los elementos de su sistema de recolección de agua de lluvia para crear una sincronización entre la sostenibilidad y la belleza.

Al concluir esta exploración de los sistemas de almacenamiento en la recolección de agua de lluvia, es evidente que cada componente desempeña un papel distinto, contribuyendo a la armonía general de la gestión sostenible del agua. Ya sea por la simplicidad de las canaletas que guían el flujo inicial, el encanto de los barriles que almacenan gotas de lluvia como notas preciosas o la grandeza de los tanques que conducen una melodía monumental, la elección de los sistemas de almacenamiento define el ritmo de esta composición de recolección de agua.

Capítulo 6: Seguridad y filtración: garantizar agua limpia para cada uso

La captación de agua de lluvia exige la garantía de agua limpia y segura para el uso diario. Este capítulo se centra en el meticuloso proceso de salvaguardar el agua de lluvia recolectada, abordar los posibles contaminantes, explorar técnicas de filtración y profundizar en los tratamientos posteriores al almacenamiento para garantizar la seguridad del agua. Desde la comprensión de las fuentes de contaminación hasta la implementación de métodos de filtración efectivos y tratamientos posteriores a la filtración, este capítulo te guiará a través de las medidas integrales necesarias para mantener el agua limpia de manera constante.

La captación de agua de lluvia exige la garantía de agua limpia y segura para el uso diario
https://picsby.com/vectors/virus-boat-doctor-team-rescue-7341187/

Contaminantes potenciales en el agua de lluvia recolectada

En la búsqueda de prácticas hídricas sostenibles, el agua de lluvia recolectada a menudo emerge como una fuente prometedora. Sin embargo, la aparente pureza del agua de lluvia puede ser engañosa. Antes de pensar en la seguridad del agua, debes comprender los contaminantes potenciales que se infiltran en el agua de lluvia recolectada. Estos contaminantes, que se originan en diversas fuentes, abarcan un espectro que incluye contaminantes atmosféricos, desechos y agentes biológicos, formando un tapiz complejo que requiere una cuidadosa consideración.

Contaminantes atmosféricos: impurezas invisibles que descienden de los cielos

En su descenso, el agua de lluvia se encuentra con una miríada de contaminantes atmosféricos que comprometen su pureza. Estos contaminantes, aunque invisibles a simple vista, tienen un impacto significativo en la calidad del agua de lluvia recolectada.

1. **Material particulado en el aire**: El acto aparentemente inocente de la lluvia que cae del cielo trae consigo la acumulación de material

particulado en el aire. El polvo, el polen y otras partículas microscópicas suspendidas en el aire se depositan en los tejados e inevitablemente se transportan al agua de lluvia recolectada. Los tejados, que antes eran prístinos, se convierten en zonas de captación de estas impurezas, introduciendo una capa de complejidad en el proceso de captación de agua.

- **Impacto en la calidad del agua**: Si bien estas partículas pueden parecer intrascendentes individualmente, su presencia acumulativa afecta el sabor y la claridad visual del agua de lluvia recolectada. Además, contribuyen a la obstrucción de los sistemas de filtración si no se abordan.

- **Problemas de obstrucción**: La acumulación de partículas en el aire conduce a la obstrucción de bajantes y canaletas, lo que afecta la eficiencia de la recolección de agua de lluvia.

- **Claridad visual:** La presencia de material particulado da como resultado agua turbia o turbia, afectando la estética visual del agua de lluvia recolectada.

2. **Contaminantes químicos:** El paisaje industrial, que contribuye significativamente a la contaminación del aire, proyecta una sombra sutil pero impactante sobre el agua de lluvia recolectada. Las emisiones industriales liberan un cóctel de sustancias químicas a la atmósfera, algunas de las cuales llegan al agua de lluvia durante su descenso.

- **Compuestos de azufre**: Las fábricas e instalaciones industriales emiten compuestos de azufre que se disuelven en el agua de lluvia, lo que puede provocar la formación de lluvia ácida. La presencia de compuestos de azufre en el agua de lluvia recolectada altera su pH e introduce acidez.

- **Metales pesados:** La naturaleza insidiosa de los metales pesados, como el plomo, el mercurio y el cadmio, se ve exacerbada por su liberación en el aire a través de procesos industriales. Una vez transportados por el aire, estos metales se depositan en las superficies, incluidos los tejados, convirtiéndose en huéspedes no deseados en el agua de lluvia recolectada.

- **Impacto en la calidad del agua:** Los contaminantes químicos introducen una serie de características indeseables en el agua de lluvia, desde la alteración del sabor y el color hasta los posibles peligros para la salud asociados con la ingestión de metales pesados.

- **Consideraciones de salud**: El consumo de agua de lluvia contaminada con metales pesados presenta graves riesgos para la salud, enfatizando la importancia de una filtración efectiva.

3. **Microorganismos**: La atmósfera, aunque vasta y aparentemente pura, es el hogar de una miríada de microorganismos que se enganchan a las gotas de lluvia. Las bacterias, los virus y los hongos presentes en el aire llegan al agua de lluvia recolectada durante su viaje desde las nubes hasta las superficies de captación.

- **Impacto en la calidad del agua**: Si bien el agua de lluvia generalmente se considera libre de microorganismos nocivos, la posible introducción de estas entidades desde la atmósfera enfatiza la necesidad de procesos de filtración y desinfección exhaustivos.

- **Desafíos de filtración**: Abordar los microorganismos requiere métodos de filtración especializados para garantizar la eliminación de patógenos potenciales.

- **Consideraciones de desinfección**: La contaminación microbiana destaca la importancia de la desinfección posterior a la filtración para garantizar la seguridad del agua de lluvia recolectada para diversos usos.

Escombros y factores ambientales: desafíos a nivel del suelo

Más allá de los contaminantes atmosféricos, los factores troposféricos contribuyen significativamente a la contaminación potencial del agua de lluvia recolectada. Estos factores abarcan una serie de desafíos ambientales que merecen atención.

1. **Contaminación del material del techo**: El tipo de material utilizado para el techado juega un papel fundamental en la determinación de la calidad del agua de lluvia recolectada. Los materiales del techo filtran sustancias que comprometen la pureza del agua.

- **Contaminación por asbesto**: En los edificios más antiguos, los techos hechos de asbesto liberan fibras en el agua de lluvia, lo que representa un riesgo para la salud si se consume.

- **Madera tratada:** Los techos construidos con madera tratada introducen productos químicos en el agua de lluvia recolectada, lo que agrega otra capa de complejidad a las consideraciones de seguridad.

- **Impacto en la calidad del agua:** La contaminación del material del techo subraya la importancia de seleccionar cuidadosamente los materiales del techo, especialmente cuando se pretende recolectar agua de lluvia para uso potable.

- **Selección de materiales:** Elegir materiales para techos con propiedades mínimas de lixiviación es crucial para mantener la calidad del agua.

- **Concienciación sobre la salud:** Informarse sobre los riesgos potenciales asociados con materiales específicos para techos promueve la toma de decisiones informadas.

2. **Árboles colgantes:** El encanto de los árboles colgantes tiene una consecuencia no deseada para la recolección de agua de lluvia. Las hojas, los excrementos de pájaros y otras materias orgánicas de los árboles se convierten en contaminantes potenciales.

- **Hojas:** Las hojas que caen introducen materia orgánica que se descompone en el agua de lluvia recolectada, afectando su calidad.

- **Excrementos de aves:** Los excrementos de aves, aunque aparentemente inocuos, albergan bacterias y contribuyen a la contaminación microbiana.

- **Impacto en la calidad del agua:** La belleza natural de los árboles colgantes trae consigo la responsabilidad de gestionar los contaminantes potenciales, lo que requiere medidas proactivas para garantizar la pureza del agua.

- **Poda regular:** Recortar las ramas colgantes reduce la probabilidad de que las hojas y los escombros entren en el sistema de recolección de agua de lluvia.

- **Disuasión de aves:** La implementación de medidas para disuadir a las aves, como la instalación de púas o redes para aves, minimiza la introducción de contaminantes relacionados con las aves.

3. **Actividad animal**: Las aves, los insectos y los animales pequeños encuentran atractivos los tejados y las zonas de captación, lo que contribuye a la posible contaminación del agua de lluvia recolectada.

- **Aves:** Además de los excrementos, las aves traen plumas, materiales de anidación e incluso presas pequeñas, todo lo cual afecta la calidad del agua.

- **Insectos:** Los insectos, atraídos por la humedad de los tejados, se convierten inadvertidamente en parte del agua de lluvia recolectada.

- **Impacto en la calidad del agua:** La gestión de la presencia de animales en los tejados es fundamental para evitar su contribución a los contaminantes, haciendo hincapié en la necesidad de medidas de protección.

- **Barreras de malla:** La instalación de barreras de malla o pantallas sobre canaletas y bajantes evita que los insectos y los desechos más grandes ingresen al sistema.

- **A prueba de aves**: El empleo de medidas a prueba de aves, como la instalación de elementos disuasorios o redes, reduce la probabilidad de contaminación relacionada con las aves.

4. **Escorrentía de las superficies**: Las superficies adyacentes, como los caminos de entrada o las áreas con suelo contaminado, contribuyen a la escorrentía que llega al sistema de recolección de agua de lluvia.

- **Escorrentía química:** El suelo contaminado o las superficies cargadas de productos químicos introducen sustancias en el agua de lluvia recolectada.

- **Sedimentos y escombros:** La escorrentía transporta sedimentos y escombros, lo que se suma a los desafíos del mantenimiento de la calidad del agua.

- **Impacto en la calidad del agua**: La gestión de la escorrentía es un aspecto crítico de la recolección de agua de lluvia, que requiere una planificación cuidadosa y medidas para evitar la introducción de contaminantes externos.

- **Superficies permeables:** La implementación de superficies permeables en las inmediaciones reduce la escorrentía y minimiza la afluencia de contaminantes externos.

- **Jardines de lluvia:** El diseño de jardines de lluvia o zonas de amortiguamiento absorbe y filtra la escorrentía antes de que llegue al sistema de recolección de agua de lluvia.

A medida que se desentraña la intrincada red de contaminantes potenciales en el agua de lluvia recolectada, se hace evidente que garantizar la pureza del agua es un desafío multifacético. Desde los contaminantes atmosféricos que descienden de los cielos hasta los factores a nivel del suelo que contribuyen a la escorrentía, cada elemento requiere una cuidadosa consideración.

La recolección de agua de lluvia tiene un potencial increíble para las prácticas hídricas sostenibles, pero este potencial solo se puede aprovechar plenamente con una comprensión matizada de los desafíos que se presentan. Abordar los contaminantes potenciales implica una combinación de diseño de infraestructura cuidadoso, prácticas de mantenimiento regulares y un compromiso con el monitoreo continuo de la calidad del agua.

Técnicas de filtración y su eficacia

La seguridad en el agua implica navegar por el intrincado mundo de las técnicas de filtración. La filtración no es una solución única para todos. Es un proceso matizado y multifacético diseñado para abordar tipos específicos de contaminantes. Desde filtros de malla que actúan como primera línea de defensa hasta sofisticados sistemas de ósmosis inversa capaces de eliminar un amplio espectro de impurezas, cada método de filtración desempeña un papel único para garantizar la pureza del agua de lluvia recolectada.

Filtros de malla

1. **Mecanismo:** Los filtros de malla, generalmente fabricados con materiales como el acero inoxidable o el nailon, funcionan según un principio simple pero efectivo. Bloquean físicamente la entrada de partículas y residuos más grandes en el sistema de agua.

   - **Material de malla:** La elección de materiales, como el acero inoxidable o el nailon, garantiza la durabilidad y la resistencia frente a los factores ambientales.

- **Tamaño de los poros de la malla:** Las variaciones en el tamaño de los poros de la malla permiten la personalización en función del tamaño de las partículas que se van a filtrar.

2. **Aplicaciones óptimas:** Estos filtros encuentran su punto óptimo en escenarios en los que la atención se centra en la eliminación de partículas más grandes. Sirven como prefiltros ideales, colocados estratégicamente para proteger las etapas de filtración posteriores de posibles obstrucciones.

  - **Prefiltración:** Comúnmente empleados como la primera capa de defensa, los filtros de malla evitan que las hojas, los insectos y las partículas más grandes avancen más en el sistema de filtración.

  - **Recolección** de agua de lluvia: Los filtros de malla son parte integral de los sistemas de recolección de agua de lluvia, lo que garantiza que solo ingrese agua limpia a los tanques de almacenamiento.

3. **Eficacia:** Si bien los filtros de malla exhiben una alta eficacia para atrapar partículas más grandes, su efectividad disminuye cuando se trata de lidiar con contaminantes o microorganismos disueltos.

  - **Limitaciones:** Los filtros de malla no son la bala de plata para los contaminantes a nivel molecular o microbiano, por lo que requieren etapas de filtración adicionales.

  - **Mantenimiento:** La limpieza regular es esencial para evitar obstrucciones y mantener un rendimiento óptimo.

  - **Programa de reemplazo:** El reemplazo periódico de los filtros de malla garantiza una eficacia continua, especialmente en áreas con altos niveles de escombros.

Filtros de sedimentos: navegando por las partículas más finas

1. **Mecanismo:** Los filtros de sedimentos emplean materiales como arena o tela para atrapar las partículas más finas suspendidas en el agua, lo que ofrece un enfoque más matizado de la filtración.

  - **Variedad de materiales:** El uso de diferentes materiales proporciona flexibilidad para abordar tamaños de partícula específicos de manera efectiva.

  - **Filtración en profundidad:** Algunos filtros de sedimentos utilizan filtración en profundidad, lo que mejora su capacidad para capturar partículas en toda la profundidad del filtro.

2. **Aplicaciones óptimas**: Eficaces en la eliminación de partículas de sedimentos más pequeñas, limo y escombros finos, los filtros de sedimentos se hacen un hueco en escenarios donde la precisión en la eliminación de partículas es crucial.

  - **Eliminación de partículas finas:** Ideal para aplicaciones en las que la presencia de sedimentos finos supone un reto para la calidad del agua.

  - **Filtración previa a la ósmosis inversa:** Los filtros de sedimentos a menudo sirven como precursores de métodos de filtración más avanzados, como la ósmosis inversa.

3. **Eficacia:** Los filtros de sedimentos proporcionan una buena filtración de sedimentos, pero no son tan hábiles para manejar contaminantes disueltos o microorganismos.

  - **Consideraciones:** Debe tener en cuenta que los filtros de sedimentos pueden necesitar apoyo adicional para abordar los contaminantes más allá de las partículas.

  - **Mantenimiento:** Es necesario monitorear y reemplazar regularmente los filtros de sedimentos para evitar obstrucciones y mantener la eficiencia.

Filtros de carbón activado

1. **Mecanismo:** Los filtros de carbón activado funcionan adsorbiendo compuestos orgánicos, productos químicos y algunos gases del agua, lo que los convierte en herramientas versátiles en el arsenal de filtración.

  - **Poder de adsorción:** La estructura porosa del carbón activado mejora la capacidad para atraer y atrapar impurezas de manera efectiva.

  - **Estructura microporosa:** El carbón activado posee una estructura microporosa, lo que proporciona una gran superficie para la adsorción.

2. **Aplicaciones óptimas:** Los filtros de carbón activado brillan en aplicaciones en las que la atención se centra en la eliminación de contaminantes orgánicos, cloro y productos químicos específicos que afectan el sabor y el olor.

- **Eliminación de contaminantes orgánicos:** Muy adecuado para escenarios en los que la fuente de agua es propensa a las impurezas orgánicas.

- **Mejora del sabor y el olor:** El carbón activado mejora eficazmente el sabor y el olor del agua de lluvia recolectada.

3. **Eficacia:** Si bien los filtros de carbón activado cuentan con una alta eficacia para contaminantes específicos, requieren un reemplazo regular para mantener la efectividad.

   - **Programa de reemplazo:** Sigue las pautas del fabricante para los intervalos de reemplazo para un rendimiento constante.

   - **Consideraciones de costos:** El costo recurrente del reemplazo del filtro debe tenerse en cuenta en el presupuesto general de mantenimiento del sistema.

   - **Sensibilidad a la temperatura:** La eficacia de los filtros de carbón activado está influenciada por la temperatura del agua, y debe considerar este factor durante el diseño del sistema.

Esterilización UV

1. **Mecanismo:** La esterilización UV aprovecha la luz ultravioleta para alterar el ADN de los microorganismos, haciéndolos incapaces de reproducirse y garantizando un suministro de agua libre de microbios.

   - **Disrupción microbiana:** El uso específico de la luz ultravioleta neutraliza eficazmente las bacterias, los virus y otros microorganismos.

   - **Longitud de onda UV-C:** La esterilización UV generalmente utiliza luz UV-C, que es particularmente efectiva en la inactivación microbiana.

2. **Aplicaciones óptimas:** La esterilización UV brilla en escenarios donde la desinfección microbiana es la principal preocupación, ofreciendo una solución impulsada por la tecnología para la seguridad del agua.

   - **Mitigación de amenazas microbianas:** Ideal para aplicaciones en las que el riesgo de contaminación microbiana es alto.

   - **Desinfección posterior a la filtración:** La esterilización UV a menudo se emplea como un paso posterior a la filtración para garantizar la seguridad microbiológica del agua de lluvia recolectada.

3. **Eficacia:** Altamente eficaz para la desinfección microbiana y la esterilización UV. Sin embargo, se queda corto cuando se trata de eliminar partículas o contaminantes químicos.

- **Filtración adicional:** La combinación de la esterilización UV con otros métodos de filtración aborda la eliminación integral de impurezas.

- **Consumo de energía:** Considera los requisitos de energía asociados con los sistemas de esterilización UV.

- **Consideraciones de instalación:** La instalación adecuada y el mantenimiento regular son cruciales para la eficacia sostenida de los sistemas de esterilización UV.

Ósmosis inversa

1. **Mecanismo:** La ósmosis inversa emplea una membrana semipermeable para eliminar iones, moléculas y partículas más grandes del agua, ofreciendo una solución integral a diversos contaminantes.

- **Tecnología de membranas:** La membrana semipermeable actúa como un tamiz molecular, permitiendo que solo pasen las moléculas de agua pura.

- **Diferencial de presión:** La ósmosis inversa se basa en un diferencial de presión para impulsar la separación del agua de las impurezas.

2. **Aplicaciones óptimas:** La ósmosis inversa brilla en aplicaciones en las que es necesario eliminar eficazmente una amplia gama de contaminantes, incluidos minerales, productos químicos y microorganismos.

- **Eliminación de diversos contaminantes:** Adecuado para escenarios donde la pureza del agua es primordial, abordando el contenido mineral, los productos químicos y las amenazas microbianas.

- **Uso residencial:** Comúnmente empleado en entornos residenciales para producir agua potable purificada.

3. **Eficacia:** Altamente eficientes en la eliminación de diversos contaminantes, los sistemas de ósmosis inversa tienen tasas de

producción de agua más bajas e implican la generación de aguas residuales.

- **Tasa de producción de agua:** Los usuarios deben tener en cuenta el impacto potencial en la disponibilidad de agua, especialmente en áreas con lluvias limitadas.

- **Consideraciones sobre las aguas residuales:** Los sistemas de ósmosis inversa generan aguas residuales y deben existir estrategias adecuadas de eliminación o reutilización.

- **Eliminación de minerales:** Si bien es eficaz para eliminar minerales, es posible que deba considerar métodos de remineralización para el agua producida.

La eficacia de las técnicas de filtración radica en su aplicación. Desde la robusta defensa de los filtros de malla contra partículas más grandes hasta la precisión de la ósmosis inversa para hacer frente a un espectro de impurezas, cada método contribuye a la seguridad del agua.

La recolección de agua de lluvia para consumo o para diversos fines domésticos exige un enfoque personalizado. Un sistema de filtración bien diseñado, que incorpora las fortalezas de diferentes técnicas, garantiza la eliminación de contaminantes específicos y la pureza y seguridad general del agua de lluvia recolectada.

Desinfección y mantenimiento regular

La filtración es la vanguardia en la recolección de agua de lluvia limpia, pero la búsqueda de la pureza no termina ahí. Los tratamientos posteriores al almacenamiento y el mantenimiento regular emergen como héroes anónimos, asegurando la calidad sostenida del agua de lluvia recolectada. En esta sección, descubrirás varios métodos de desinfección, como la cloración y la ozonización. Además, verás las complejidades de las prácticas de mantenimiento regular que forman la columna vertebral de un sistema de recolección de agua de lluvia resistente.

Cloración

1. **Mecanismo:** La cloración, un método probado en el tiempo, implica la introducción de cloro o compuestos a base de cloro en el agua. Este proceso de desinfección química está diseñado para aniquilar microorganismos y salvaguardar la calidad del agua.

   - **Tipos de cloro:** El cloro se aplica en varias formas, incluido el cloro gaseoso, el hipoclorito de sodio líquido o el hipoclorito de calcio sólido.

- **Neutralización microbiana**: El cloro altera las estructuras celulares de bacterias y virus, dejándolos inactivos y previniendo enfermedades transmitidas por el agua.

2. **Aplicaciones óptimas:** La cloración encuentra su punto óptimo en escenarios donde la desinfección continua del agua almacenada es primordial.

- **Desinfección de tanques:** Aplicada al agua almacenada en tanques, la cloración garantiza un nivel constante de control microbiano.

- **Sistemas públicos de agua:** Ampliamente utilizada en el tratamiento de aguas municipales, la cloración es un elemento básico para garantizar el agua potable.

3. **Consideraciones:** Si bien la cloración es un método de desinfección potente, la dosificación cuidadosa es crucial para evitar la cloración excesiva.

- **Control de dosificación:** El control preciso de la dosis de cloro es esencial para evitar los riesgos para la salud asociados con el exceso de cloro en el agua potable.

- **Limitaciones de contaminantes químicos:** Es posible que la cloración no elimine eficazmente ciertos contaminantes químicos, lo que requiere medidas de filtración adicionales.

- **Manejo de cloro residual:** El manejo de los niveles de cloro residual es crucial para garantizar la seguridad del agua y evitar sabores u olores indeseables.

Ozonización

1. **Mecanismo:** La ozonización introduce ozono, un poderoso agente oxidante, en el agua. La destreza oxidativa del ozono desinfecta el agua neutralizando contaminantes y microorganismos.

- **Generación de ozono:** El ozono se genera *in situ* utilizando generadores de ozono especializados, lo que garantiza la frescura y la eficacia.

- **Inactivación de patógenos:** El ozono inactiva eficazmente bacterias, virus y algunos contaminantes orgánicos, lo que contribuye a la seguridad integral del agua.

2. **Aplicaciones óptimas**: La ozonización brilla en aplicaciones en las que se debe abordar un espectro más amplio de contaminantes, incluidas bacterias y virus.

- **Desinfección microbiana:** El ozono sirve como una defensa robusta contra los microorganismos patógenos, lo que garantiza la prevención de enfermedades transmitidas por el agua.

- **Eliminación de contaminantes orgánicos:** La capacidad del ozono para descomponer los contaminantes orgánicos aumenta su eficacia para mejorar la calidad del agua.

3. **Consideraciones**: La implementación de sistemas de ozono requiere una calibración cuidadosa y atención a consideraciones específicas para garantizar un rendimiento óptimo.

- **Precisión de calibración:** Los sistemas de ozono exigen una calibración precisa para lograr la eficacia de desinfección deseada sin comprometer la seguridad del agua.

- **Manejo de ozono residual:** El manejo de los niveles de ozono residual es crucial, ya que el exceso de ozono en el agua es dañino y afecta el sabor del agua.

- **Complejidad de la instalación:** Los sistemas de ozonización, si bien son efectivos, son complejos de instalar y pueden requerir asistencia profesional.

Prácticas de mantenimiento regular

Garantizar la seguridad a largo plazo del agua de lluvia recolectada implica la integración diligente de prácticas de mantenimiento regulares. Estas prácticas forman un escudo proactivo contra las posibles amenazas a la calidad del agua, garantizando un suministro constante de agua de lluvia limpia y segura.

Inspección de tanques

- **Regularidad:** Los tanques deben inspeccionarse rutinariamente en busca de signos de desgaste, corrosión o daños que puedan comprometer la calidad del agua.

- **Integridad del sello:** Asegúrate de que los sellos y las juntas del tanque estén intactos, evitando la infiltración de contaminantes externos.

- **Integridad del recubrimiento**: Verifica la integridad de cualquier recubrimiento en el interior del tanque, abordando cualquier degradación con prontitud.

Limpieza de canaletas y mallas

- **Frecuencia:** Limpia regularmente las canaletas y los filtros de malla para evitar la acumulación de escombros que comprometan la calidad del agua.

- **Integridad de la malla:** Supervisa de cerca la integridad de la malla de los filtros, reparando o reemplazando las secciones dañadas con prontitud.

- **Flujo de agua eficiente:** Las canaletas y mallas sin obstrucciones mantienen un flujo de agua eficiente, lo que reduce el riesgo de contaminación.

Reemplazo de filtro

- **Cumplimiento del cronograma:** Reemplaza los filtros según lo recomendado por el fabricante para mantener su eficacia.

- **Consideración del tipo de filtro:** Considera el tipo específico de filtro y su vida útil, ajustando el programa de reemplazo en consecuencia.

- **Documentación:** Mantén un registro de los reemplazos de filtros para facilitar un enfoque de mantenimiento proactivo y organizado.

Vaciado del sistema

- **Periodicidad:** Enjuaga periódicamente el sistema para eliminar el agua estancada y los posibles contaminantes.

- **Eficiencia del sistema:** El lavado mejora la eficiencia del sistema al evitar la acumulación de sedimentos y el crecimiento microbiano.

- **Garantía de la calidad del agua:** El lavado regular contribuye a una calidad constante del agua, especialmente en sistemas con un uso poco frecuente.

La esencia de la pureza del agua radica en la diligencia y el cuidado proactivo. La cloración y la ozonización son guardianes incondicionales, neutralizando las amenazas a nivel químico y microbiano. Las prácticas de mantenimiento regular garantizan la integridad a largo plazo del sistema de recolección de agua de lluvia.

La sinergia de estos enfoques se hace eco de los principios de sostenibilidad y gestión ambiental. El viaje no termina con la recogida del agua de lluvia. Se extiende al tratamiento y mantenimiento, garantizando que cada gota cosechada siga siendo un testimonio del compromiso con las prácticas de agua limpia y sostenible.

Al abordar estos aspectos, aprovechará todo el potencial de la recolección de agua de lluvia, no solo como una fuente de agua sostenible, sino también como una fuente de pureza del agua. El compromiso con la seguridad del agua no es solo un esfuerzo técnico. Es un enfoque holístico que tiene en cuenta los factores ambientales, la tecnología y el mantenimiento proactivo.

Capítulo 7: Más allá de lo básico - Sistemas y técnicas avanzadas

La recolección de agua ha evolucionado mucho más allá de las prácticas rudimentarias del pasado. En este capítulo, aprenderá sobre tecnologías de vanguardia, materiales innovadores y sistemas integrados que definen la vanguardia de la recolección de agua de lluvia. Estos métodos avanzados optimizan la recolección y el almacenamiento de agua, integrándose a la perfección con otras prácticas sostenibles y ofreciendo un enfoque holístico para la gestión del agua en diversos climas y terrenos.

Materiales y diseños innovadores

La recolección de agua de lluvia, que alguna vez fue una práctica simple que dependía de materiales básicos para techos, ha entrado en una nueva era de innovación. Los avances recientes en materiales y diseños están remodelando la forma en que las personas recolectan y utilizan el agua de lluvia. En esta sección, explorarás tres innovaciones revolucionarias que están transformando la recolección de agua de lluvia.

Aerogeles

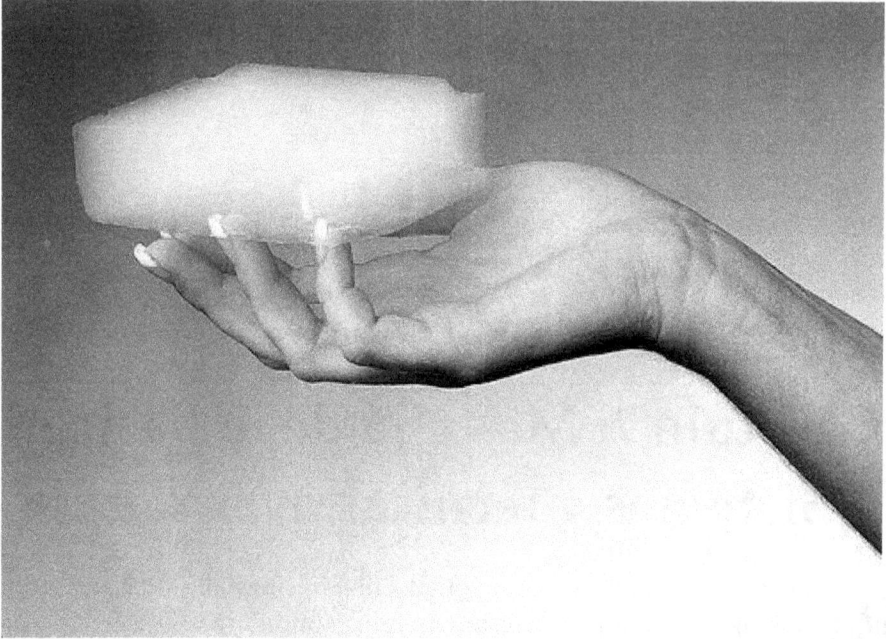

Los aerogeles son materiales revolucionarios con una estructura porosa y ligera que mejora la eficiencia de la recogida de agua a nuevas alturas
httpps://commons.wikimedia.org/wiki/file:Aerogel_hand.jpg

Tradicionalmente, la eficacia de la captación de agua de lluvia dependía del diseño de la superficie de recogida. Entra en juego los aerogeles, un material revolucionario con una estructura porosa y ligera que mejora la eficiencia de la recogida de agua a nuevas alturas.

- **Mayor área de superficie para una recolección mejorada:** Los aerogeles, con su intrincada estructura, proporcionan un área de superficie expandida, capturando más gotas de agua del aire que los materiales convencionales.

- **Versatilidad para el reacondicionamiento:** La naturaleza liviana de los aerogeles los convierte en una opción ideal para la integración en materiales de techos existentes, lo que permite un fácil reacondicionamiento de estructuras.

- **Condensación rápida para un rendimiento máximo:** La estructura porosa de los aerogeles facilita la condensación rápida, lo que garantiza que incluso las gotas más pequeñas se recojan de manera eficiente, lo que resulta en un aumento sustancial en el rendimiento general del agua.

Superficies inteligentes

Imagine superficies que responden de forma inteligente a las condiciones ambientales, optimizando todo el proceso de captación de agua de lluvia. Las superficies inteligentes equipadas con sensores y actuadores hacen realidad esta visión.

- **Monitoreo ambiental en tiempo real:** Las superficies inteligentes están integradas con sensores que detectan cambios en la temperatura, la humedad y la precipitación en tiempo real, lo que permite respuestas adaptativas.

- **Flujo de agua y filtración óptimos:** los actuadores en superficies inteligentes ajustan propiedades como la inclinación y la permeabilidad, lo que facilita un flujo de agua óptimo durante lluvias intensas y mejora la filtración durante precipitaciones más ligeras.

- **Monitoreo remoto para la eficiencia:** La integración con el Internet de las cosas (IoT) permite a los usuarios monitorear la eficiencia de sus sistemas de recolección de agua de lluvia de forma remota, lo que garantiza un mantenimiento proactivo y una calidad óptima del agua.

La unión de los aerogeles y las superficies inteligentes representa un salto adelante en la tecnología de recolección de agua de lluvia. Combina la eficiencia de los materiales avanzados y la adaptabilidad del diseño inteligente, prometiendo mayores rendimientos y sostenibilidad.

Recubrimientos hidrófilos

Uno de los desafíos en la recolección de agua de lluvia, especialmente en regiones áridas, es la baja humedad que limita la recolección de agua. Los recubrimientos hidrofílicos presentan una solución revolucionaria al dar a las superficies la capacidad de atraer y retener moléculas de agua del aire.

- **Versatilidad para varios materiales:** Los recubrimientos hidrófilos se pueden aplicar a una variedad de materiales, incluidos los materiales tradicionales para techos, lo que ofrece una solución escalable para mejorar la eficiencia.

- **Promover la adhesión al agua:** Los recubrimientos crean un entorno que fomenta la adhesión de las moléculas de agua, lo que aumenta significativamente la captura de agua incluso en condiciones de baja humedad.

- **Rentable y escalable:** La adaptabilidad de los recubrimientos hidrofílicos los convierte en una solución rentable y escalable para mejorar la eficiencia de los sistemas de recolección de agua de lluvia existentes.

Además de aumentar la captación de agua, los recubrimientos hidrófilos contribuyen a la prevención de la escorrentía de agua. Al promover la adhesión al agua, estos recubrimientos minimizan el desperdicio y maximizan el potencial de recolección.

Maravillas arquitectónicas

En el mundo de la recolección de agua de lluvia, la forma ahora se encuentra con la función a través de diseños arquitectónicos de vanguardia. La integración de los sistemas de recogida de aguas pluviales en los edificios ha dado lugar a estructuras prácticas y estéticamente agradables.

- **Techos y fachadas autodrenantes:** Los diseños innovadores incorporan techos autodrenantes que canalizan de manera eficiente el agua de lluvia hacia los puntos de recolección, eliminando el agua estancada y las posibles fugas.

- **Armonía visual con la vegetación:** Los tejados adornados con exuberante vegetación contribuyen a un entorno visualmente armonioso y ecológico en el que las plantas ayudan a absorber y purificar el agua.

- **Elementos de construcción interactivos:** Algunas maravillas arquitectónicas van más allá de la recolección pasiva de agua de lluvia, incorporando elementos interactivos que involucran a los habitantes en el proceso de recolección de agua.

Ahora que tienes una idea de las maravillas tecnológicas del mundo moderno, aquí tienes un vistazo más de cerca a cada una de ellas.

1. **Techos y fachadas autodrenantes:** Imagina un edificio con un techo que protege de los elementos y contribuye activamente a la recolección de agua. Los techos autodrenantes están diseñados para canalizar el agua de lluvia de manera eficiente hacia los puntos de recolección, eliminando el agua estancada y las posibles fugas.

   - **Canalización eficiente del agua:** Estas cubiertas están equipadas con un sistema de pendiente y drenaje que garantiza que el agua de lluvia se dirija hacia los puntos de recogida, evitando que el agua se acumule y cause daños.

- **Eliminación de agua estancada:** Al drenar eficientemente el agua de lluvia, los techos autodrenantes eliminan el riesgo de agua estancada, reduciendo el potencial de fugas y daños estructurales.

- **Durabilidad mejorada:** El diseño mejora la recolección de agua y contribuye a la longevidad del sistema de techado, ya que la acumulación de agua es una causa común de deterioro.

2. **Armonía visual con el medio ambiente:** Los diseños arquitectónicos incorporan elementos de recolección de agua de lluvia a la perfección en el atractivo visual de la estructura. Los tejados adornados con exuberante vegetación, donde las plantas ayudan a absorber y purificar el agua, contribuyen a un entorno visualmente armonioso y respetuoso con el medio ambiente.

- **Integración estética:** Los elementos de recolección de agua de lluvia se integran perfectamente en el diseño general del edificio, mejorando su atractivo estético y contribuyendo a un entorno visualmente agradable.

- **Tejados verdes para la biodiversidad:** Los jardines en las azoteas ayudan a la absorción del agua de lluvia y crean hábitats para la biodiversidad, promoviendo el equilibrio ecológico en entornos urbanos.

- **Doble funcionalidad:** La integración de la estética con la recogida de aguas pluviales proporciona una doble funcionalidad, lo que hace que el edificio sea visualmente atractivo y respetuoso con el medio ambiente.

3. **Elementos de construcción interactivos:** Algunas maravillas arquitectónicas van más allá de la recolección pasiva de agua de lluvia. Incorporan elementos interactivos, como secciones transparentes que muestran el flujo de agua de lluvia o características cinéticas que responden al volumen de agua recolectada. Estos diseños tienen un propósito práctico e involucran a los habitantes en el proceso de recolección de agua.

- **Transparencia para la educación:** Las secciones transparentes en los elementos de la edificación permiten a los habitantes observar el flujo del agua de lluvia, promoviendo la concientización y educación sobre la importancia de la conservación del agua.

- **Características cinéticas para la participación:** Los elementos cinéticos, como las características de agua activadas por el agua de lluvia recolectada, brindan una experiencia atractiva e interactiva para los habitantes, fomentando un sentido de conexión con el proceso de recolección de agua.

- **Valor educativo y recreativo:** Los elementos interactivos del edificio contribuyen a la eficiencia de la recolección de agua de lluvia y agregan valor educativo y recreativo al edificio, mejorando su importancia general en la comunidad.

Los materiales y diseños avanzados están marcando el comienzo de una nueva era para la recolección de agua de lluvia. Los aerogeles y las superficies inteligentes ofrecen una eficiencia y adaptabilidad sin precedentes. Los recubrimientos hidrófilos abordan el desafío de los ambientes de baja humedad. Las maravillas arquitectónicas redefinen la forma en que percibe la integración de la recolección de agua en su entorno construido. A medida que adopta estas innovaciones, avanza hacia un futuro más sostenible y con seguridad hídrica.

Automatización en la captación de agua de lluvia

En el panorama en constante evolución de la gestión del agua, la automatización se ha convertido en un faro de eficiencia, transformando la recolección de agua de lluvia en una práctica inteligente y sostenible. En esta sección, explorarás los tres pilares de la automatización en la recolección de agua de lluvia. Estos avances agilizan el proceso de recolección y almacenamiento, al tiempo que allanan el camino para un enfoque más consciente y eficiente en el uso de los recursos para la utilización del agua.

Sensores IoT

La integración del IoT en la recolección de agua de lluvia marca un cambio de paradigma en la forma en que las personas abordan la gestión de los recursos hídricos. Los sensores del IoT, colocados estratégicamente en los tejados y dentro de los sistemas de almacenamiento, sirven como los ojos y oídos de todo el sistema. Recopilan continuamente datos en tiempo real sobre parámetros cruciales como las precipitaciones, los niveles de agua y el estado general del sistema.

- **Datos en tiempo real para una toma de decisiones informada:** Estos sensores permiten a los usuarios disponer de una gran cantidad de información al alcance de la mano. Accederá a datos en vivo sobre la intensidad actual de las lluvias o el volumen preciso de agua almacenada en su sistema de recolección desde la comodidad de su teléfono inteligente o computadora. Esta información en tiempo real permite una toma de decisiones informada, lo que le permite optimizar sus sistemas de cosecha en función de las condiciones actuales.

- **Mantenimiento proactivo para la longevidad del sistema:** Una de las ventajas significativas de los sensores IoT es su capacidad para facilitar el mantenimiento proactivo. Al supervisar el estado del sistema en tiempo real, se identifican los posibles problemas antes de que se intensifiquen. Ya sea que se trate de un filtro obstruido, una bomba que funciona mal o un problema estructural, la detección temprana permite una intervención oportuna, preservando la eficiencia y la longevidad de la infraestructura de recolección de agua de lluvia.

- **Accesibilidad y monitoreo remoto:** La accesibilidad de los datos en tiempo real no está limitada por restricciones geográficas. Puede monitorear de forma remota sus sistemas de recolección de agua de lluvia, lo que lo hace especialmente beneficioso para instalaciones en lugares remotos o de difícil acceso. Esta capacidad mejora la eficiencia general de la gestión del sistema al permitir respuestas rápidas a las condiciones cambiantes, independientemente de la proximidad física.

Sistemas de filtración automatizados

El agua de lluvia, aunque es un recurso valioso, no es inmune a las impurezas. Los sistemas de filtración automatizados equipados con tecnologías avanzadas están revolucionando la forma de garantizar la pureza del agua recolectada.

- **Mecanismos de autolimpieza para un rendimiento ininterrumpido:** Los sistemas de filtración tradicionales a menudo requieren intervención manual para la limpieza y el mantenimiento. Los sistemas de filtración automatizados, por otro lado, cuentan con mecanismos de autolimpieza que mantienen los filtros libres de contaminantes. Garantiza un suministro continuo de agua limpia y minimiza la necesidad de un mantenimiento frecuente y laborioso.

- **Adaptación a las diferentes calidades del agua:** La calidad del agua varía en función de factores como el clima, los cambios estacionales y las influencias ambientales. Los sistemas de filtración automatizados están diseñados para adaptarse dinámicamente a estas variaciones. Ya sea que la fuente de agua experimente una afluencia repentina de escombros durante fuertes lluvias o un cambio en la composición durante los períodos secos, estos sistemas ajustan sus procesos de filtración para mantener un rendimiento óptimo.

- **Integración con sensores de calidad del agua:** La automatización de los sistemas de filtración se puede mejorar aún más mediante la integración con sensores de calidad del agua. Estos sensores detectan impurezas o contaminantes específicos en el agua recolectada. A continuación, el sistema de filtración ajusta sus procesos en respuesta a los datos en tiempo real, lo que garantiza que el agua cumpla con los estándares de calidad deseados. Este nivel de precisión en la purificación del agua mejora la fiabilidad y seguridad general del agua cosechada.

Redes de distribución inteligentes

La automatización no termina con la recopilación y el almacenamiento. Extiende su toque transformador a la fase de distribución. Las redes de distribución inteligentes aprovechan la automatización para regular el flujo de agua en función de la demanda y la disponibilidad.

- **Regulación del caudal con bombas y válvulas inteligentes**: En las configuraciones tradicionales de recolección de agua de lluvia, la distribución de agua a menudo se basa en ajustes manuales u horarios fijos. Las bombas y válvulas inteligentes, impulsadas por la automatización, aportan un nuevo nivel de precisión a este proceso. Estos componentes inteligentes regulan el flujo de agua en función de la demanda en tiempo real, asegurando un suministro constante y fiable.

- **Minimizar el consumo de energía para la sostenibilidad:** La eficiencia energética es una piedra angular de la gestión sostenible del agua. Las redes de distribución inteligentes destacan en este aspecto al minimizar el consumo de energía. Las bombas y válvulas funcionan con precisión cuando es necesario, evitando un gasto energético innecesario. Contribuye a la sostenibilidad medioambiental y se traduce en un ahorro de costes para usted.

- **Análisis predictivo para una asignación óptima de recursos:** La integración del análisis predictivo en las redes de distribución inteligentes añade otra capa de sofisticación. Al analizar los patrones de uso históricos y tener en cuenta los factores ambientales, estos sistemas predicen la demanda futura con una precisión notable. Esta capacidad predictiva permite realizar ajustes proactivos en la distribución del agua, optimizando la asignación de recursos y asegurando un suministro constante incluso durante períodos de alta demanda.

La unión de los sensores IoT, los sistemas de filtración automatizados y las redes de distribución inteligentes forma una trinidad que impulsa la recolección de agua de lluvia hacia un ámbito de sostenibilidad holística. Esta sinergia optimiza la eficiencia de la recolección de agua y garantiza la pureza del agua recolectada y su distribución juiciosa.

A medida que adopta la era de la automatización en la recolección de agua de lluvia, allana el camino para un futuro en el que el agua se gestiona con precisión, sostenibilidad y una profunda comprensión de su papel vital en su vida. El camino hacia la resiliencia hídrica nunca ha sido más prometedor.

Sistemas Integrados Sostenibles

En el panorama en constante evolución de la gestión sostenible del agua, la integración de varios sistemas produce resultados poderosos y sinérgicos. Esta sección arrojará luz sobre tres enfoques interconectados que ejemplifican la simbiosis entre la recolección de agua de lluvia y otras prácticas sostenibles.

Reciclaje de aguas grises

La recolección de agua de lluvia, cuando se combina con el reciclaje de aguas grises, establece un sistema holístico de gestión del agua que maximiza cada gota preciosa. Las aguas grises, que se originan en actividades domésticas como bañarse y lavar la ropa, son un recurso valioso que a menudo se infrautiliza. La integración de las aguas grises con la captación de agua de lluvia crea una relación armoniosa en la que ambas fuentes de agua se complementan.

- **Aprovechar el potencial de las aguas grises:** Si bien las aguas grises no son aptas para beber, su potencial para usos no potables es inmenso. Tratadas adecuadamente, las aguas grises se pueden combinar perfectamente con el agua de lluvia recolectada para aplicaciones como el riego. Este enfoque dual reduce significativamente la dependencia de fuentes de agua externas para fines no potables, un paso fundamental hacia la utilización sostenible del agua.

- **Estrategias de tratamiento y purificación:** El tratamiento de aguas grises implica la eliminación de impurezas y contaminantes para cumplir con los estándares de calidad requeridos para su uso previsto. Se emplean tecnologías como la filtración y los sistemas de tratamiento biológico para purificar las aguas grises. Cuando se combina con agua de lluvia recolectada, esta mezcla tratada se convierte en una fuente de agua versátil y ecológica para mantener jardines, céspedes y otras necesidades de agua no potable.

- **Reducción del impacto ambiental:** Más allá de sus beneficios inmediatos, la integración del reciclaje de aguas grises con la recolección de agua de lluvia puede reducir potencialmente el impacto ambiental asociado con el consumo de agua. Al minimizar la dependencia de las fuentes de agua convencionales, este sistema combinado contribuye a la conservación de los ecosistemas de agua dulce y mitiga la presión sobre los suministros de agua municipales.

- **Accesibilidad y monitoreo remoto:** La accesibilidad a los datos en tiempo real no está limitada por restricciones geográficas. Puede monitorear de forma remota sus sistemas de recolección de agua de lluvia. Esta capacidad mejora la eficiencia general de la gestión del sistema al permitir respuestas rápidas a las condiciones cambiantes, independientemente de la proximidad física.

Diseños de permacultura

La permacultura, profundamente arraigada en los principios de sostenibilidad y convivencia armoniosa con el medio ambiente, ofrece un compañero natural a la recolección de agua de lluvia. La integración de estas prácticas permite la creación de ecosistemas autosostenibles que promueven la salud del suelo, la biodiversidad y el bienestar ambiental general.

- **El papel del agua de lluvia en la permacultura:** El agua de lluvia, como componente fundamental de los diseños de permacultura, se aprovecha para nutrir el paisaje. Se emplean diversas técnicas, como zanjas y diques de contorno, para captar y dirigir el agua de lluvia hacia donde más se necesita. Garantiza la utilización eficiente del agua y previene la erosión del suelo, al tiempo que ayuda al cultivo de diversas especies de plantas.

- **Prácticas de agricultura regenerativa:** La integración de la recolección de agua de lluvia y la permacultura se extiende a las prácticas de agricultura regenerativa. Fomentarás condiciones de suelo más saludables mediante la captura de agua de lluvia y la implementación de técnicas de permacultura. Esto, a su vez, mejora la resiliencia de los cultivos, reduce la necesidad de fertilizantes sintéticos y contribuye a la restauración de tierras degradadas.

- **Promoción de la biodiversidad:** La permacultura enfatiza la importancia de la biodiversidad en los sistemas agrícolas y naturales. Se puede crear un ecosistema más resiliente y diverso incorporando la recolección de agua de lluvia en los diseños de permacultura. El agua de lluvia almacenada proporciona un salvavidas durante los períodos de sequía, fomentando la supervivencia de diversas especies de plantas y animales.

- **Participación y educación de la comunidad:** La integración de la permacultura y la recolección de agua de lluvia no solo se trata de cultivar ecosistemas sostenibles, sino también de la participación y la educación de la comunidad. Al compartir conocimientos y prácticas, las comunidades pueden trabajar colectivamente hacia una forma de vida más sostenible y regenerativa.

Acuaponía y agua de lluvia

La unión de la acuaponía y la recolección de agua de lluvia presenta un enfoque innovador para la agricultura sostenible. En la acuaponía, los peces y las plantas forman una relación simbiótica en la que los desechos de los peces proporcionan nutrientes esenciales para las plantas. Las plantas, a su vez, purifican el agua para los peces. Cuando se integra a la perfección con la recolección de agua de lluvia, este sistema se convierte en una central eléctrica de circuito cerrado y eficiente en el uso de los recursos.

- **El agua de lluvia como elemento vital de la acuaponía:** El agua de lluvia, recolectada y almacenada, sirve como elemento vital rico en nutrientes de los sistemas acuapónicos. Reducirá su dependencia de fuentes de agua externas utilizando agua de lluvia en acuaponía.

- **Eficiencia de los recursos y sistemas de circuito cerrado:** La integración de la acuaponía y la recolección de agua de lluvia encarna la esencia de la eficiencia de los recursos. Los desechos de los peces, un subproducto natural de la acuaponía, se convierten en un fertilizante para las plantas. A medida que las plantas absorben estos nutrientes, contribuyen a la purificación del agua, creando un sistema de circuito cerrado que minimiza el desperdicio y maximiza la eficiencia.

- **Un plan para la agricultura urbana:** La naturaleza compacta de la acuaponía la hace particularmente adecuada para la agricultura urbana. Al incorporar la recolección de agua de lluvia, se crean sistemas de cultivo sostenibles y autosuficientes. Este enfoque reduce la huella ambiental asociada con la agricultura convencional y proporciona un modelo para cultivar productos frescos en espacios urbanos limitados.

- **Oportunidades educativas y seguridad alimentaria:** La integración de la acuaponía y la recolección de agua de lluvia también ofrece oportunidades educativas y contribuye a la seguridad alimentaria. Al promover este método de agricultura sostenible, se aprende sobre la interdependencia de los ecosistemas y se adquieren valiosas habilidades en la agricultura urbana, fomentando un sentido de autonomía alimentaria.

Paisajismo inteligente

Entre las muchas facetas de los sistemas sostenibles integrados, el paisajismo inteligente emerge como un actor fundamental, ya que combina a la perfección la estética con el propósito. Al incorporar la recolección de agua de lluvia en los diseños de paisajismo, crea espacios al aire libre que cautivan la vista y contribuyen a la sostenibilidad ambiental.

- **Jardines de lluvia y paisajes sostenibles:** Los jardines de lluvia, diseñados estratégicamente para capturar y gestionar la escorrentía de aguas pluviales, ejemplifican la unión del paisajismo y la recolección de agua de lluvia. Estos jardines están diseñados para absorber el agua de lluvia, evitando la erosión del suelo y minimizando el flujo de contaminantes en los cuerpos de agua. Al integrar los jardines de lluvia en los planes de paisajismo, transformará sus espacios exteriores en elementos dinámicos de un sistema sostenible de gestión del agua.

- **Paisajes comestibles y agricultura urbana:** El concepto de paisajes comestibles lleva el paisajismo un paso más allá, integrando plantas ornamentales con comestibles. Al combinar la recolección de agua de lluvia con el paisajismo comestible, cultivarás frutas, verduras y hierbas utilizando el agua de lluvia recolectada. Este enfoque proporciona una fuente sostenible de productos frescos y reduce la huella de carbono asociada con el transporte de alimentos desde lugares distantes.

- **Selección de plantas biodiversas y eficientes en el uso del agua:** El paisajismo inteligente se extiende a la selección cuidadosa de plantas que prosperan en climas específicos con requisitos mínimos de agua. Al elegir plantas nativas y resistentes a la sequía, contribuirás a la eficiencia hídrica y a la biodiversidad. Esta selección intencional se alinea con los principios de la permacultura, promoviendo una relación armoniosa entre los espacios gestionados por el hombre y el entorno natural.

A medida que exploras la integración de la recolección de agua de lluvia con el reciclaje de aguas grises, los diseños de permacultura, la acuaponía y el paisajismo inteligente, surge un hilo común. Es la búsqueda de la armonía con el medio ambiente. Estos sistemas integrados y sostenibles optimizan la utilización del agua y fomentan prácticas regenerativas que contribuyen al bienestar del planeta.

Hacia un futuro sostenible

El camino hacia un futuro sostenible implica adoptar diversas prácticas que trabajen en conjunto para conservar los recursos y nutrir los ecosistemas. La integración de la recolección de agua de lluvia con el reciclaje de aguas grises, los diseños de permacultura y la acuaponía ejemplifica este enfoque armonioso. Al adoptar estos sistemas integrados, las personas, las comunidades y los profesionales de la agricultura pueden convertirse en administradores de un mundo más sostenible y resiliente.

El futuro de la gestión del agua está en la sinergia. Los materiales y diseños innovadores mejoran la eficiencia de las estructuras de colección. La automatización agiliza todo el proceso, y la integración con otras prácticas sostenibles crea soluciones holísticas. La adaptabilidad de estos avances los hace aplicables en diversos climas y terrenos, lo que le permite aprovechar el poder del agua de lluvia de la manera más eficiente y sostenible.

Capítulo 8: La generosidad de la naturaleza: usos para su cosecha

La recolección de agua de lluvia abre la puerta a una gran cantidad de posibilidades, convirtiendo cada gota en un recurso valioso. En este capítulo, explorarás las innumerables aplicaciones del agua de lluvia recolectada, subrayando su versatilidad y el potencial para redefinir la forma en que satisface tus necesidades de agua. Desde los usos domésticos cotidianos hasta los beneficios agrícolas y las posibilidades del agua potable, descubrirás el vasto potencial que tiene la generosidad de la naturaleza.

Distinción entre usos potables y no potables

Antes de explorar las diversas aplicaciones del agua de lluvia recolectada, es crucial distinguir entre usos potables y no potables. El agua potable es apta para beber, mientras que el agua no potable se utiliza para otros fines, como el riego o la limpieza. La calidad del agua requerida para estas aplicaciones varía, y el agua potable exige los más altos estándares para garantizar la salud humana.

Para transformar el agua de lluvia recolectada en una fuente segura de agua potable, se deben cumplir estrictos parámetros de calidad. Implica una filtración, desinfección y monitoreo exhaustivos para eliminar contaminantes y patógenos. El cumplimiento de las normas reglamentarias garantiza que el agua sea potable y cumpla con los más altos requisitos de seguridad.

Aplicaciones domésticas

En la vida sostenible, el agua de lluvia recolectada emerge como un recurso versátil e invaluable, revolucionando las aplicaciones domésticas cotidianas. Desde la lavandería hasta la limpieza y la jardinería, la composición suave y libre de químicos del agua de lluvia transforma las tareas mundanas en prácticas ecológicas y económicamente sostenibles. Así es como el agua de lluvia puede mejorar el tejido de su vida diaria.

Lavandería

El día de lavado adquiere una dimensión completamente nueva con la introducción del agua de lluvia recolectada

https://pixabay.com/vectors/washhouse-laundry-house-room-294621/

El día de lavado adquiere una dimensión completamente nueva con la introducción del agua de lluvia recolectada. A diferencia del agua dura de fuentes convencionales, el agua de lluvia es naturalmente blanda, desprovista de minerales agresivos que comprometen la eficacia de los detergentes y afectan a los tejidos. Esta suavidad inherente crea un ambiente suave y nutritivo para la ropa, asegurando un tacto más suave y prolongando la vida útil de cada prenda.

- **Mejora de la eficiencia del detergente:** La naturaleza suave del agua de lluvia mejora la eficiencia de los detergentes, lo que les permite hacer espuma de manera más efectiva y penetrar en las fibras de la tela con facilidad. Incluso en áreas con agua dura del grifo, donde los detergentes luchan por alcanzar su máximo potencial, el agua de lluvia proporciona una solución que maximiza el poder de limpieza y minimiza el uso de aditivos químicos.

- **Prolongación de la longevidad de la ropa:** El agua dura, cargada de minerales como el calcio y el magnesio, contribuye al desgaste de la ropa con el tiempo. Los efectos abrasivos de estos minerales en las fibras de la tela conducen a la decoloración, la reducción de la suavidad y una vida útil más corta de las prendas. Al optar por el agua de lluvia en la lavandería, invertirás en la longevidad de tu ropa, reduciendo la frecuencia de los reemplazos y contribuyendo a un guardarropa más sostenible.

- **Reducción del impacto ambiental:** Más allá de los beneficios para los tejidos, el uso de agua de lluvia para lavar la ropa contribuye a la sostenibilidad ambiental. Las fuentes de agua tradicionales a menudo requieren extensos procesos de tratamiento y transporte, consumiendo energía y contribuyendo a las emisiones de carbono. Por el contrario, la recolección de agua de lluvia para lavar la ropa reduce significativamente el impacto ambiental asociado con el uso del agua, alineándose con las prácticas de vida ecológicas.

Limpieza

La limpieza del hogar adquiere una nueva dimensión cuando el purificador de la naturaleza, el agua de lluvia, se convierte en el agente de limpieza preferido. Su composición suave y libre de químicos lo hace ideal para una variedad de propósitos de limpieza, desde superficies y ventanas hasta artículos delicados que requieren un toque tierno.

- **Ideal para superficies y ventanas:** La suavidad del agua de lluvia la hace especialmente eficaz para la limpieza de superficies y ventanas. Sin los minerales presentes en el agua dura que dejan rayas y residuos, el agua de lluvia conduce a un acabado cristalino. Ya sea limpiando encimeras, mesas de vidrio o espejos, el agua de lluvia deja las superficies impecables, todo mientras es suave con los materiales que se limpian.

- **Conservación de artículos delicados:** Ciertos artículos delicados, como la cristalería intrincada, las decoraciones frágiles o las piezas de reliquia, se benefician del suave toque del agua de lluvia. La ausencia de productos químicos agresivos garantiza que las superficies delicadas permanezcan intactas durante el proceso de limpieza. Preserva la integridad de estos artículos y refleja un compromiso con las prácticas de limpieza sostenibles.

• **Reducción de la dependencia del agua del grifo**: El aprovechamiento del agua de lluvia para las necesidades de limpieza reduce la dependencia del agua del grifo, lo que contribuye a la sostenibilidad ambiental y económica. Los procesos que consumen mucha energía involucrados en el tratamiento y distribución del agua del grifo se minimizan, lo que resulta en una reducción de la huella de carbono. Este cambio hacia el agua de lluvia para la limpieza se alinea con el movimiento más amplio hacia el uso responsable del agua.

Jardinería

Quizás una de las aplicaciones más gratificantes del agua de lluvia recolectada es en el jardín. El agua de lluvia, libre de cloro y otros aditivos que se encuentran comúnmente en el agua del grifo, nutre las plantas con la esencia pura de la hidratación. Los niveles de pH controlados en el agua de lluvia la convierten en una combinación perfecta para varias especies de plantas, promoviendo un crecimiento saludable y floraciones vibrantes.

• **Hidratación sin cloro**: Muchos suministros de agua municipales se tratan con cloro para eliminar bacterias y patógenos. Si bien esto es esencial para el consumo humano, las plantas no comparten la misma afinidad por el cloro. El agua de lluvia, al estar libre de este aditivo químico, proporciona a las plantas una fuente de hidratación libre de cloro, favoreciendo un crecimiento y desarrollo óptimos.

• **Niveles de pH controlados para la salud de las plantas**: El agua de lluvia suele tener un pH ligeramente ácido, lo que es beneficioso para ciertas plantas que prosperan en condiciones de suelo ácido. Este nivel de pH controlado garantiza que el agua de lluvia complemente las necesidades específicas de una variedad de especies de plantas, fomentando un entorno en el que prosperen. Esta compatibilidad natural hace que el agua de lluvia sea ideal para regar jardines y plantas en macetas.

• **Promoción de la eficiencia hídrica en la jardinería**: La eficiencia hídrica en la jardinería es una consideración clave para las prácticas sostenibles. La recolección de agua de lluvia aborda directamente esta preocupación al proporcionar una fuente de agua local y en el sitio para las plantas. Al utilizar el agua de lluvia para la jardinería, reducirás la demanda de suministros de agua municipales, contribuyendo a los esfuerzos de conservación del agua y promoviendo un paisaje más resistente y ecológico.

A medida que navega por las aguas de la vida sostenible, la incorporación de agua de lluvia recolectada en aplicaciones domésticas revela un toque suave pero transformador. Desde el abrazo más suave que ofrece a las telas hasta su papel como purificador de la naturaleza en la limpieza y el crecimiento que lleva a cabo en el jardín, el agua de lluvia emerge como un recurso precioso que va más allá de la mera funcionalidad.

Beneficios agrícolas y paisajísticos

En el vasto tapiz de la gestión sostenible del agua, los sectores agrícola y paisajístico se erigen como lienzo y jardín por igual, a la espera del toque transformador del agua de lluvia recolectada. Este preciado recurso, cosechado y almacenado en momentos de abundancia, es un salvavidas para los cultivos y un elixir nutritivo para los paisajes. Esta sección recorre el ámbito agrícola, donde el agua de lluvia se convierte en una alternativa sostenible para la agricultura, y explora cómo el paisajismo se transforma en obras maestras naturales bajo su suave cuidado.

Agricultura

En la extensión agrícola, el agua es el sustento que sostiene los cultivos, asegurando su crecimiento, salud y productividad. Sin embargo, las fuentes tradicionales a menudo vienen con desafíos de disponibilidad fluctuante de agua, dependencia de embalses distantes y la necesidad de sistemas de riego que consumen mucha energía. Aquí es donde interviene la captación de agua de lluvia como alternativa sostenible, ofreciendo una solución de origen local y respetuosa con el medio ambiente.

- **Proteger los cultivos del estrés por sequía:** La naturaleza impredecible de los patrones climáticos, incluidos los períodos de sequía, representa una amenaza significativa para la productividad agrícola. La recolección de agua de lluvia proporciona un amortiguador contra estos desafíos al permitir a los agricultores almacenar y utilizar el agua de lluvia durante los períodos secos. Esta abundancia almacenada se convierte en un salvavidas para los cultivos, ya que ofrece un suministro de agua constante que los protege del estrés de la escasez de agua.

- **Mejorar la salud del suelo con agua de lluvia pura**: Más allá de proporcionar hidratación, el agua de lluvia contribuye a la salud general de las tierras agrícolas. A diferencia de las fuentes de agua tradicionales tratadas con cloro y otros aditivos, el agua de lluvia es pura y está libre de intervenciones químicas. Esta pureza se extiende al suelo, mejorando su salud y fertilidad. La ausencia de residuos químicos garantiza que el suelo se convierta en un ecosistema próspero donde florecen microorganismos beneficiosos que apoyan la vitalidad de los cultivos.

- **Promoción de prácticas agrícolas sostenibles:** La recolección de agua de lluvia se alinea perfectamente con los principios de la agricultura sostenible. Al depender de un suministro de agua de origen local y reabastecido de forma natural, reducirá su dependencia de fuentes de agua externas. Minimiza el impacto ambiental asociado con el transporte acuático de larga distancia y promueve un sistema agrícola más autosuficiente y resiliente.

Paisajismo

El paisajismo, ya sea en jardines residenciales o en amplios espacios públicos, se transforma en un lienzo de obras maestras naturales cuando se nutre del agua de lluvia recolectada. La pureza y suavidad del agua de lluvia ofrecen un tacto suave que promueve la salud y la vitalidad de las plantas. Libre de los minerales y aditivos agresivos que se encuentran en las fuentes de agua convencionales, el agua de lluvia se convierte en un elixir nutritivo para los elementos verdes de su entorno.

- **Reducir la necesidad de intervenciones químicas:** Las fuentes de agua convencionales a menudo contienen minerales que, con el tiempo, se acumulan en el suelo y afectan la salud de las plantas. Los elementos agresivos como el calcio y el magnesio presentes en el agua dura requieren intervenciones químicas para contrarrestar su impacto. El agua de lluvia, con su composición blanda y libre de minerales, elimina la necesidad de tales intervenciones, lo que permite que las plantas prosperen de forma natural.

- **Riego eficiente para paisajes prósperos**: La distribución controlada del agua de lluvia a través de sistemas de riego eficientes es un elemento clave en la elaboración de obras maestras naturales en paisajismo. Los sistemas de recolección de agua de lluvia, equipados con mecanismos de riego inteligentes, garantizan que los jardines reciban la cantidad justa de agua. Esta precisión promueve la eficiencia del agua, evitando el riego excesivo y minimizando la escorrentía. Contribuye a un enfoque paisajístico ecológico y sostenible.

• **Mejora de la biodiversidad y el equilibrio ecológico:** El suave tacto del agua de lluvia se extiende más allá de las plantas individuales al ecosistema más amplio dentro de los paisajes. Al reducir la dependencia de las fuentes de agua convencionales, que se tratan con productos químicos para su purificación, el agua de lluvia contribuye a la preservación de la biodiversidad. Los insectos beneficiosos, los microorganismos y otros componentes del equilibrio ecológico dentro del paisaje prosperan en un entorno libre de los efectos adversos del agua cargada de productos químicos.

La sinergia entre la recolección de agua de lluvia en la agricultura y el paisajismo crea soluciones integradas que mejoran la eficiencia del agua en múltiples frentes. La misma agua de lluvia recolectada que nutre los cultivos se dirige a los elementos paisajísticos, fomentando un enfoque armonioso del uso del agua. Esta integración se alinea con los principios de la permacultura, donde diversos elementos coexisten y contribuyen a un ecosistema autosustentable.

La adopción de la captación de agua de lluvia en estos sectores no es simplemente una opción práctica, sino un compromiso con un futuro en el que se valore el agua. Es donde florecen los ecosistemas y los paisajes se convierten en expresiones vibrantes de armonía ecológica. Al adoptar el agua de lluvia como piedra angular de las prácticas agrícolas y paisajísticas, cultivará un legado sostenible que respeta el delicado equilibrio de la naturaleza y garantiza un futuro resiliente para las generaciones venideras.

Posibilidades de agua potable

La delicada alquimia de transformar el agua de lluvia recolectada en elixir potable es un viaje guiado por estrictas medidas de garantía de calidad. Los sistemas de filtración, los tratamientos ultravioleta y el cumplimiento inquebrantable de las normas reglamentarias se convierten en los centinelas. Estos aseguran que la esencia pura del agua de lluvia emerja como un calmante de la sed y como un dechado de seguridad.

Aseguramiento de la calidad del agua potable

La metamorfosis del agua de lluvia en agua potable exige precisión y dedicación a la calidad. Desde el sereno descenso de las gotas de lluvia hasta el momento en que cae en cascada en un vaso, cada paso está lleno de responsabilidad. El compromiso con el aseguramiento de la calidad transforma el abrazo de la lluvia en una fuente de vida que no solo hidrata, sino que nutre sin concesiones.

- **Sistemas de filtración:** El agua de lluvia recolectada, aunque prístina en su origen, transporta microorganismos y productos químicos que representan riesgos potenciales para la salud humana. Los sistemas de filtración robustos son la primera línea de defensa, ya que sirven como guardianes contra los contaminantes. Los filtros de malla, expertos en atrapar partículas más grandes, y los filtros de carbón, capaces de eliminar impurezas y olores, forman una alianza formidable. Estos filtros trabajan en armonía para garantizar que el agua se someta a una limpieza transformadora, emergiendo libre de intrusos visibles e invisibles.

- **Tratamientos ultravioleta:** Más allá de los aspectos físicos de la filtración se encuentra el toque iluminador de los tratamientos ultravioleta (UV). La desinfección UV se convierte en un paso crucial en el proceso de purificación. Se dirige a los microorganismos que persisten a pesar de la filtración inicial. El poder de la luz ultravioleta altera el ADN de bacterias, virus y otros patógenos, haciéndolos incapaces de causar daño. Una vez tocada por los rayos del sol, esta purificación final asegura que el agua emerja como un líquido microbiológicamente seguro.

- **Normas reglamentarias:** En la vasta extensión de posibilidades de agua potable, el cumplimiento de las normas reglamentarias se convierte en la estrella polar, guiando todo el proceso. Las regulaciones sanitarias locales describen los puntos de referencia para la calidad del agua. Preparan el escenario para un proceso en el que la seguridad no es negociable. Comprender e incorporar estos estándares en el proceso de purificación garantiza que el producto final sacie la sed sin comprometer la salud.

Medidas de seguridad microbiana y química

La pureza que hace que el agua de lluvia sea una fuente de maravillas también presenta desafíos. El agua de lluvia recolectada transporta microorganismos y productos químicos que, si no se controlan, comprometen su seguridad para el consumo humano. Reconocer y abordar estos desafíos se vuelve imperativo para crear posibilidades potables a partir del abrazo de la lluvia.

- **Sistemas de filtración robustos:** El viaje hacia la potabilidad comienza con sistemas de filtración robustos que sirven como primera línea de defensa. Los filtros de malla, con su intrincado tejido, capturan las partículas más grandes y los desechos, evitando que contaminen el agua. Los filtros de carbón, con su estructura porosa, adsorben impurezas, olores y algunos productos químicos, mejorando aún más la claridad y pureza del agua. Juntos, estos sistemas de filtración forman una barrera formidable contra los contaminantes.

- **Desinfección UV:** Las medidas de seguridad microbiana alcanzan su punto máximo con la desinfección UV, un proceso que aprovecha el poder de la luz para neutralizar los microorganismos. La luz UV-C de longitud de onda corta daña el ADN de bacterias, virus y otros patógenos, haciéndolos incapaces de reproducirse o causar infecciones. Esta capa de protección garantiza que el producto final no solo sea visualmente claro, sino también microbiológicamente seguro.

- **Pruebas periódicas:** El viaje desde la gota de lluvia hasta el vaso es un compromiso continuo con la seguridad. Las pruebas periódicas de parámetros microbianos y químicos se convierten en una garantía continua de la calidad del agua. Los rigurosos protocolos de prueba, que incluyen controles de bacterias, virus y composiciones químicas, garantizan que las posibilidades de agua potable del agua de lluvia recolectada permanezcan firmes en su compromiso con la salud y la seguridad.

Mientras saboreas las posibilidades potables del agua de lluvia recolectada, deja que sea un recordatorio del delicado equilibrio entre la generosidad de la naturaleza y su responsabilidad de salvaguardar la salud. En cada sorbo, saboreas no solo la frescura de la lluvia, sino la culminación de un viaje. Desde los cielos nublados hasta los sistemas de filtración vigilantes, desde la danza de la luz ultravioleta hasta el compromiso con las normas reglamentarias, es un viaje en el que las posibilidades del agua de lluvia se extienden más allá de la nutrición. Este oro líquido se convierte en una celebración de la pureza, un testimonio del ingenio humano y una danza armoniosa con la esencia de la vida misma.

Beneficios ambientales y económicos

En el delicado equilibrio entre la generosidad de la naturaleza y las necesidades humanas, la recolección de agua de lluvia emerge como una práctica transformadora, marcando el comienzo de una ola de beneficios ambientales y económicos. En el corazón de esta práctica se encuentra el profundo impacto de reducir la presión sobre los suministros de agua municipales, mitigar la escorrentía de aguas pluviales y revelar un enfoque de ahorro de agua que extienda los ahorros financieros a la billetera de ahorro de agua.

- **Conservación del agua tratada para usos esenciales**: Uno de los principales beneficios del agua de lluvia recolectada radica en su potencial para aliviar la presión sobre los suministros de agua municipales. Al satisfacer las necesidades no potables con agua de origen natural, contribuirá significativamente a la conservación del agua tratada para usos esenciales. Este enfoque prudente de conservación garantiza que el recurso limitado y precioso del agua tratada se reserve para fines que exigen la más alta calidad.

- **Aliviar la carga de las instalaciones de tratamiento de agua**: A medida que el agua de lluvia se convierte en una fuente fácilmente disponible para actividades como la jardinería, la limpieza y el riego, la carga de las instalaciones de tratamiento de agua disminuye. Estas instalaciones están diseñadas para purificar el agua para cumplir con rigurosos estándares de consumo potable. Al desviar las demandas no potables al agua de lluvia recolectada, desempeña un papel proactivo en la preservación de la integridad del agua tratada. Optimiza la eficiencia de los procesos de tratamiento y prolonga la vida útil de las infraestructuras hídricas.

- **Reducción de la demanda de energía para el transporte de agua**: El viaje del agua desde las instalaciones de tratamiento hasta los hogares implica un consumo significativo de energía, especialmente cuando se transporta a largas distancias. El agua de lluvia recolectada, obtenida localmente, interrumpe este ciclo intensivo de energía. Utilizar el agua donde cae reduce la necesidad de un transporte extenso, lo que contribuye a un sistema de suministro de agua más sostenible y energéticamente eficiente.

Gestión proactiva del exceso de agua

Más allá de su papel en la reducción de la presión sobre los suministros de agua municipales, la recolección de agua de lluvia juega un papel crucial en la mitigación de la escorrentía de aguas pluviales. La escorrentía de aguas pluviales, a menudo culpable de las inundaciones urbanas, es el resultado de lluvias que exceden la capacidad de absorción del suelo y las superficies. La recolección de agua de lluvia en su origen transforma a los propietarios de viviendas y comunidades en administradores proactivos del exceso de agua. Evitará la erosión del suelo y minimizará el flujo de contaminantes en ríos y arroyos.

- **Preservar la salud del suelo y la pureza del agua:** A medida que el agua de lluvia se captura y se dirige para diversos usos, penetra en el suelo, reponiendo los acuíferos y preservando la salud del suelo. Mitiga el riesgo de erosión del suelo y evita el flujo rápido de agua de lluvia sobre superficies impermeables, reduciendo las posibilidades de contaminación del agua. Al convertirte en un administrador del descenso de la lluvia, adoptarás un enfoque holístico para la gestión del agua que protege tanto el medio ambiente como a sus habitantes.

- **Reducción de las facturas de agua a través de decisiones inteligentes:** Los beneficios económicos de la recolección de agua de lluvia se extienden más allá del ámbito ambiental, ofreciendo ahorros tangibles a los hogares. A medida que disminuye la dependencia del agua municipal para necesidades no potables, también lo hacen las facturas de agua. La inversión inicial en un sistema de recolección de agua de lluvia se convierte en una opción económica sabia y duradera, creando un suministro de agua sostenible y rentable.

- **Ganancia económica a largo plazo:** Si bien hay una inversión inicial en la instalación de sistemas de recolección de agua de lluvia, la ganancia económica a largo plazo es sustancial. La reducción de las facturas de agua, junto con la posibilidad de incentivos o reembolsos por parte de los gobiernos locales para prácticas sostenibles, transforma la recolección de agua de lluvia en una opción financieramente inteligente. A medida que observa cómo crece su billetera de ahorro de agua, la viabilidad económica de la recolección de agua de lluvia se hace cada vez más evidente.

Rendimiento máximo

Cuando se entra en la gestión sostenible del agua, la recolección del máximo rendimiento del agua de lluvia se presenta como una práctica transformadora y empoderadora. En esencia, este viaje abarca la implementación de sistemas eficientes de recolección de agua de lluvia, la optimización de las capacidades de almacenamiento y la adopción de prácticas de uso racional del agua. La unión de la conciencia ambiental con la aplicación práctica fomenta el empoderamiento individual y cultiva una comunidad de administradores dedicados a aprovechar al máximo cada preciosa gota.

- **Diseño para la máxima captura:** En el corazón de la cosecha de máximo rendimiento se encuentra el diseño cuidadoso y la implementación de sistemas eficientes de recolección de agua de lluvia. El viaje comienza con la captación del agua de lluvia en su origen, ya sea en tejados, superficies o zonas de captación. Los sistemas cuidadosamente diseñados, equipados con tecnologías y materiales avanzados, garantizan que cada gota de lluvia se aproveche con precisión.

- **Soluciones estratégicas de almacenamiento:** La optimización del rendimiento cosechado implica soluciones estratégicas de almacenamiento que se alinean con los ritmos naturales de las lluvias. Las capacidades de almacenamiento robustas, ya sea en tanques sobre el suelo, cisternas o depósitos subterráneos, se convierten en los depósitos de la abundancia. Al maximizar el almacenamiento, almacena el excedente de agua de lluvia para períodos de escasez, lo que garantiza un suministro de agua constante y confiable durante todo el año.

- **Redes de distribución inteligentes:** Igualmente importante es el establecimiento de redes de distribución inteligentes dentro del sistema de almacenamiento. Las bombas, válvulas y mecanismos de distribución inteligentes garantizan que el agua de lluvia almacenada se distribuya de manera eficiente, abordando las necesidades específicas de diferentes áreas, ya sea para riego, jardinería o usos domésticos no potables. Esta distribución estratégica optimiza la utilidad del agua de lluvia recolectada, maximizando su impacto en varias facetas de la vida diaria.

- **Diseño paisajístico y eficiencia de riego:** La cosecha de máximo rendimiento se extiende más allá de los tecnicismos de los sistemas y el almacenamiento. Adopta prácticas de uso racional del agua que cultivan el consumo consciente. El diseño cuidadoso del paisaje, que incorpora plantas nativas y resistentes a la sequía, minimiza las demandas de agua. Los sistemas de riego eficientes, como el riego por goteo o las técnicas de jardín de lluvia, hacen que cada gota se utilice correctamente, promoviendo un equilibrio armonioso entre la naturaleza y las necesidades humanas.

- **Medidas de conservación en interiores:** Las prácticas de uso racional del agua también encuentran su lugar en interiores, donde el consumo consciente se convierte en un compromiso diario. La instalación de accesorios de bajo flujo, la reparación de fugas con prontitud y la adopción de electrodomésticos de bajo consumo de agua contribuyen al objetivo general de maximizar la utilidad del agua de lluvia recolectada. Estas medidas amplifican el impacto de la captación de agua de lluvia en la reducción de la dependencia de las fuentes de agua convencionales.

- **Talleres y Seminarios:** Obtener el máximo rendimiento no es una tarea solitaria. Se nutre de iniciativas educativas y de la participación de la comunidad. Los talleres y seminarios se convierten en plataformas para compartir ideas sobre los beneficios y aplicaciones del agua de lluvia recolectada. Estos le proporcionan el conocimiento y las herramientas necesarias para convertirse en un participante activo en el camino hacia la sostenibilidad.

- **Programas de alcance comunitario:** El efecto dominó del cambio se amplifica a través de programas de alcance comunitario. Estas iniciativas fomentan un sentido de responsabilidad comunitaria, alentando a las personas a convertirse en catalizadores de un cambio positivo dentro de sus vecindarios. Al adoptar colectivamente los principios de la recolección de agua de lluvia, las comunidades se transforman en administradores de sus recursos hídricos, fomentando un compromiso compartido con la sostenibilidad ambiental.

Las prácticas de uso racional del agua en el paisajismo al aire libre y el consumo en interiores se convierten en los hilos que tejen la vida consciente. Sin embargo, el viaje está incompleto sin el espíritu comunitario fomentado por las iniciativas educativas y el compromiso comunitario. A medida que los talleres y los programas de alcance comunitario empoderan a las personas con el conocimiento para convertirse en administradores de sus recursos hídricos, el impacto colectivo se convierte en una fuerza para el cambio positivo.

Al concluir esta exploración de la generosidad de la naturaleza y los usos de su cosecha, el tema general es el de la armonía y la sostenibilidad. Desde las aplicaciones domésticas cotidianas hasta los beneficios agrícolas y las posibilidades de agua potable, el agua de lluvia recolectada es un recurso versátil y valioso. A medida que nutre el regalo de la naturaleza gota a gota, da un paso más hacia un futuro más sostenible, resiliente y respetuoso con el agua.

Capítulo 9: Agua de lluvia potable: Hacer que su cosecha sea potable

En la búsqueda de la autosuficiencia y la vida sostenible, la transformación del agua de lluvia recolectada en agua potable segura se erige como un pináculo de logro. Este capítulo explora los intrincados procesos y las precauciones necesarias para que su cosecha de agua de lluvia sea utilizable y potable. Desde la comprensión de la calidad del agua local hasta el empleo de métodos avanzados de filtración y técnicas de desinfección, el viaje hacia el agua de lluvia potable es una exploración tanto de la ciencia como de la practicidad.

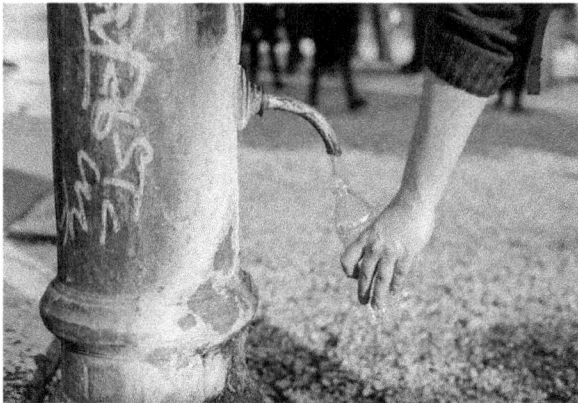

En la búsqueda de la autosuficiencia y la vida sostenible, la transformación del agua de lluvia recolectada en agua potable segura se erige como un pináculo de logro

https://www.pexels.com/photo/crop-person-filling-bottle-with-water-from-drinking-fountain-7245245/

Comprender la calidad del agua local

Cada región, con su combinación única de influencias ambientales, actividades industriales y asentamientos humanos, tiene distintos desafíos y características que dan forma a la calidad de su agua. Esta sección explora la importancia crucial de comprender estas dinámicas, haciendo hincapié en la conciencia de los contaminantes potenciales, tanto naturales como antropogénicos, como el paso fundamental para garantizar la seguridad del producto final para beber.

Dinámica local de la calidad del agua

La influencia de la naturaleza, las actividades industriales y los asentamientos humanos dan forma colectivamente al tapiz dinámico de la calidad del agua local. Comprender estas intrincadas dinámicas sienta las bases para anticipar posibles contaminantes y adaptar las estrategias de purificación a las características únicas de cada región.

- **Influencias ambientales**: La naturaleza, en toda su diversidad, desempeña un papel fundamental en la configuración de la calidad de las fuentes de agua locales. Los factores ambientales, como la composición del suelo, la topografía y la vegetación, contribuyen al contenido mineral y a las características generales del agua de lluvia. Por ejemplo, el agua que fluye a través de terrenos rocosos puede transportar concentraciones de minerales más altas, lo que afecta el sabor y la seguridad. Comprender estas influencias naturales proporciona una línea de base para anticipar posibles desafíos en el proceso de purificación.

- **Actividades industriales**: Las actividades humanas, especialmente los procesos industriales, introducen un espectro de sustancias en el suministro local de agua. La escorrentía de las zonas industriales transporta contaminantes como metales pesados, productos químicos y toxinas. El conocimiento de las actividades industriales cercanas es crucial para identificar posibles contaminantes que podrían filtrarse en el agua de lluvia. Esta información dirige la selección de métodos de filtración y purificación apropiados para abordar contaminantes industriales específicos.

- **Asentamientos humanos**: Los asentamientos urbanos y rurales dejan su huella en la calidad del agua local. Las áreas urbanas introducen contaminantes como pesticidas, herbicidas y contaminantes de las emisiones de los vehículos. Por el contrario, en las zonas rurales se produce una escorrentía agrícola que transporta fertilizantes y plaguicidas a las fuentes de agua. Comprender la huella de los asentamientos humanos permite un enfoque personalizado para la purificación del agua, abordando los desafíos únicos que plantea cada entorno.

Protocolos y frecuencia de las pruebas

Las pruebas son el guardián de la promesa del agua potable segura. En esta sección se exploran los parámetros esenciales, desde el contenido microbiano hasta la composición química, y se hace hincapié en la importancia de un régimen de pruebas vigilante. El cumplimiento de las regulaciones locales, la adaptación a las variaciones estacionales y el monitoreo de los cambios en el entorno circundante son componentes integrales de este compromiso continuo. Un régimen de pruebas exhaustivo debe abarcar un espectro de parámetros críticos para la calidad del agua:

- **Contenido microbiano:** Las pruebas de bacterias, virus y otros microorganismos evalúan la seguridad microbiana del agua. Las bacterias coliformes, por ejemplo, sirven como indicadores de contaminación fecal y posibles riesgos patógenos.

- **Composición química:** El análisis de la composición química detecta sustancias como metales pesados, pesticidas y contaminantes industriales. Este paso es vital para hacer frente a los contaminantes naturales y antropogénicos.

- **Calidad general del agua:** Parámetros como el pH, la turbidez y el oxígeno disuelto contribuyen a la calidad general y la facilidad de uso del agua. Mantenerlos dentro de rangos aceptables garantiza una experiencia de consumo segura y agradable.

Frecuencia de las pruebas

La frecuencia de las pruebas es un aspecto dinámico que se adapta a las condiciones y regulaciones locales:

- **Regulaciones locales:** El cumplimiento de las regulaciones locales es primordial. Algunas regiones tienen pautas específicas que dictan la frecuencia de las pruebas para diferentes parámetros. Comprender y cumplir con estas regulaciones establece un marco legal para garantizar la seguridad del agua.

- **Variaciones estacionales:** Los cambios estacionales también influyen en la calidad del agua. El aumento de las actividades agrícolas durante las temporadas de siembra o los procesos industriales en determinadas condiciones climáticas elevan los riesgos de contaminación. Ajustar la frecuencia de las pruebas para alinearse con estas variaciones garantiza un enfoque proactivo ante los posibles desafíos.

- **Cambios en el medio ambiente circundante**: Los cambios ambientales, como la construcción cercana, los cambios en el uso de la tierra o los nuevos desarrollos industriales, afectan la calidad del agua. Las pruebas periódicas, especialmente durante los períodos de cambio ambiental, son un sistema de alerta temprana que permite realizar ajustes rápidos en los métodos de purificación.

Un régimen de pruebas vigilante es un guardián que defiende la promesa del agua potable segura. No se trata de un asunto de una sola vez, sino de un compromiso continuo para monitorear y adaptarse a la naturaleza dinámica de la calidad del agua local. Las pruebas periódicas sirven como una medida proactiva, lo que permite realizar ajustes oportunos en los métodos de purificación y garantizar la potabilidad sostenida del agua de lluvia recolectada.

Métodos de filtración avanzados

La filtración eficiente es el eje en el ambicioso viaje para transformar el agua de lluvia en un recurso potable. A medida que profundiza en las complejidades de los métodos de filtración avanzados, se encontrará con un mundo en el que la comprensión del tamaño de las micras se vuelve primordial. Es hora de explorar la ciencia detrás de las micras y su papel en la eliminación de bacterias. También descubrirá las contribuciones fundamentales de los filtros de carbón activado y los sistemas de ósmosis inversa para garantizar una experiencia de bebida completa y purificada.

Tamaños de micras y eliminación de bacterias

Comprender el tamaño de las micras es fundamental para diseñar sistemas de filtración que actúen como la primera línea de defensa contra las bacterias. Los sistemas de microfiltración y ultrafiltración, con sus distintos tamaños de poro, sientan las bases para la eliminación completa de bacterias, asegurando que el viaje hacia el agua de lluvia potable comience con precisión.

- **El mundo microscópico**: En el corazón de la filtración avanzada se encuentra el reino microscópico de los microorganismos, en particular las bacterias. Estos diminutos seres vivos, con tamaños que oscilan entre 0,2 y 5 micras, suponen un importante reto en la búsqueda de agua potable de lluvia. Para eliminar eficazmente estas amenazas, los sistemas de filtración deben diseñarse estratégicamente para capturar partículas dentro de este rango de tamaño.

- **Microfiltración**: Los sistemas de microfiltración, caracterizados por sus tamaños de poro relativamente más grandes en comparación con otros métodos avanzados, sirven como defensa inicial contra los microorganismos. Estos filtros suelen tener poros que van de 0,1 a 10 micras, lo que los hace expertos en atrapar partículas más grandes como las bacterias. Sin embargo, su eficacia varía, y a menudo se necesitan métodos de filtración adicionales para garantizar una eliminación completa.

- **Ultrafiltración**: Llevando la precisión de filtración al siguiente nivel, los sistemas de ultrafiltración cuentan con tamaños de poro más pequeños, que suelen oscilar entre 0,002 y 0,1 micras. Eso les permite capturar incluso las bacterias más pequeñas, proporcionando una solución más completa para la eliminación microbiana. La ultrafiltración, con su capacidad para atacar partículas a nivel submicrónico, sienta las bases para lograr los estrictos estándares requeridos para el agua potable segura.

Filtros de carbón activado

Más allá de los desafíos microbianos, el agua de lluvia transporta una variedad de contaminantes químicos. Los filtros de carbón activado se convierten en el centro de atención con su destreza porosa, sobresaliendo en la absorción de productos químicos como cloro, pesticidas y compuestos orgánicos. Esta sección explora la magia de la adsorción, la versatilidad del carbón activado para abordar diversos contaminantes y cómo esta purificación de doble acción eleva la calidad del agua de lluvia recolectada.

- **La potencia porosa**: Los filtros de carbón activado emergen como los héroes anónimos en la batalla contra las impurezas químicas. Su estructura porosa, creada a través de un proceso que activa el carbono con vapor o productos químicos, proporciona una amplia superficie para la adsorción.

- **Magia de adsorción:** La capacidad de adsorción del carbón activado cambia las reglas del juego en el proceso de purificación. A medida que el agua pasa a través del filtro, los contaminantes químicos se adhieren a la superficie del carbón, eliminándolos efectivamente del agua. Esta purificación de doble acción, que aborda las impurezas microbianas y químicas, eleva la calidad del agua de lluvia recolectada para cumplir con los altos estándares requeridos para un consumo seguro.

- **Versatilidad en la aplicación:** Los filtros de carbón activado demuestran ser versátiles para tratar un amplio espectro de contaminantes químicos, que incluyen:

    a. **Cloro:** Se usa comúnmente en el tratamiento del agua, pero no es deseable en el agua potable debido al sabor y a los posibles problemas de salud.

    b. **Pesticidas y herbicidas:** La escorrentía agrícola puede introducir estos productos químicos en el agua de lluvia, lo que representa riesgos para la salud humana.

    c. **Compuestos orgánicos:** Varios contaminantes de las actividades industriales llegan al agua de lluvia, por lo que es necesario eliminarlos eficazmente por seguridad.

Sistemas de ósmosis inversa

En la búsqueda de un enfoque integral de purificación, los sistemas de ósmosis inversa emergen como actores clave. Operando a nivel molecular, la ósmosis inversa utiliza una membrana semipermeable para filtrar las impurezas, desde bacterias hasta sales y minerales disueltos. Así es como funciona la ósmosis inversa:

1. **Membrana semipermeable:** El corazón del sistema de ósmosis inversa, la membrana semipermeable, permite el paso de las moléculas de agua mientras bloquea los contaminantes más grandes.

2. **Aplicación a presión:** La aplicación de presión al agua la fuerza a través de la membrana, separando las impurezas y los contaminantes.

3. **Eliminación de agua de rechazo:** Los contaminantes concentrados se eliminan como agua rechazada, dejando agua purificada lista para el consumo.

Comprender el tamaño de las micras es la brújula que lo guía a través del mundo microscópico de la eliminación de bacterias, mientras que los filtros de carbón activado muestran su destreza en la adsorción de contaminantes químicos, lo que garantiza una purificación de doble acción. Los sistemas de ósmosis inversa proporcionan un enfoque de purificación integral que trasciende las amenazas bacterianas para abordar las impurezas a nivel molecular. Los esfuerzos combinados de estos métodos avanzados de filtración elevan el agua de lluvia recolectada a un estándar de pureza potable, lo que marca un triunfo en la búsqueda de agua potable sostenible y segura.

Técnicas de desinfección

En la búsqueda incesante de transformar el agua de lluvia recolectada en agua potable, el foco de atención se desplaza a las técnicas de desinfección. Es una fase crítica en la que la seguridad microbiana ocupa un lugar central. Desde aprovechar el poder de la luz hasta adoptar prácticas ancestrales, estas técnicas se erigen como guardianes, asegurando que el viaje desde la gota de lluvia hasta el vaso esté libre de amenazas microbianas.

Purificación UV

En el ámbito radiante de la desinfección moderna, la purificación UV es un método poderoso y efectivo. A medida que descubras la ciencia detrás del aprovechamiento del poder de la luz, específicamente la UV-C, serás testigo de un proceso que daña el ADN de los microorganismos, evitando que se reproduzcan y causando infecciones. Integrados en la red de distribución de agua, los sistemas UV proporcionan una desinfección continua sin alterar el sabor del agua ni introducir productos químicos adicionales.

- **La solución radiante**: La purificación UV es un testimonio del poder de la luz para neutralizar las amenazas microbianas. En concreto, la luz UV-C, con su longitud de onda entre 200 y 280 nanómetros, se convierte en el arma preferida. A medida que el agua de lluvia fluye a través de sistemas UV integrados en la red de distribución de agua, se desarrolla un proceso silencioso pero potente.

- **Daño en el ADN**: La luz UV-C, cuando se dirige a los microorganismos, causa estragos a nivel molecular. Daña el ADN de bacterias, virus y otros patógenos, haciéndolos incapaces de reproducirse. Esta interrupción en el ciclo de vida garantiza que, incluso si los microorganismos sobreviven a la exposición a la luz ultravioleta, no pueden proliferar ni causar infecciones. El resultado es un suministro de agua que se desinfecta continuamente sin alterar su sabor ni introducir productos químicos adicionales.

- **Integración en la distribución de agua:** La perfecta integración de los sistemas UV en la red de distribución de agua es un sello distintivo de su eficacia. A medida que el agua de lluvia se abre paso a través de tuberías y conductos, las luces UV-C hacen guardia, proporcionando un proceso de desinfección continuo y automatizado. Esta integración garantiza la seguridad microbiana del agua en el punto de consumo y minimiza la necesidad de intervención manual, lo que hace que la purificación UV sea una protección fiable y eficiente.

Cloración

Al viajar a los anales de la historia del tratamiento del agua, se encontrará con el legado perdurable de la cloración. Un método que ha resistido la prueba del tiempo, la cloración implica la adición de cloro al agua para su desinfección. El monitoreo del cloro residual es un enfoque clave, destacando la eficacia probada de la cloración.

- **El legado duradero del cloro:** La cloración es un enfoque probado en el tiempo con un legado que abarca más de un siglo. El principio es simple pero efectivo. El cloro, en diversas formas, como cloro gaseoso, hipoclorito de sodio o hipoclorito de calcio, es un potente agente contra un amplio espectro de microorganismos.

- **Desinfección de amplio espectro:** La eficacia del cloro radica en su capacidad para eliminar no solo bacterias, sino también virus, algas y otros patógenos. Interrumpe el ciclo de vida al atacar las estructuras celulares y las enzimas, dejándolas incapaces de funcionar. El resultado es una desinfección integral que protege contra una amplia gama de amenazas potenciales en el agua de lluvia recolectada.

- **Control de dosis:** Si bien la cloración es un poderoso método de desinfección, la clave radica en la dosificación precisa. Agregar demasiado compromete el sabor y la seguridad del agua, mientras que agregar muy poco no logra una desinfección efectiva. Lograr este equilibrio requiere un cuidadoso monitoreo y control de los niveles de cloro en toda la red de distribución de agua.

- **Monitoreo de cloro** residual: Mantener los niveles de cloro residual se convierte en un aspecto clave del proceso de cloración. El cloro residual, la cantidad de cloro que permanece en el agua después de la desinfección, es un indicador de la protección microbiana continua. El monitoreo regular garantiza que el agua continúe cumpliendo con los estándares de seguridad sin comprometer el sabor. Es un delicado equilibrio que subraya la importancia de la eficacia probada de la cloración.

Ebullición

A medida que adoptas la tradición en los tiempos modernos, hervir ocupa un lugar central como un método simple pero altamente efectivo para esterilizar el agua. Ya sea por el sencillo mecanismo de erradicación de patógenos a través del calor o por las consideraciones de altitud que dan forma a las prácticas de ebullición, la simplicidad de la ebullición es el epítome de la eficacia.

- **Abrazar la tradición en los tiempos modernos:** En situaciones en las que las tecnologías avanzadas no están fácilmente disponibles, hervir es la mejor práctica. Hervir, una práctica milenaria arraigada en la tradición, sigue siendo un método simple pero muy eficaz para esterilizar el agua. A medida que el agua de lluvia alcanza su punto de ebullición de 100 grados Celsius (212 grados Fahrenheit), la mayoría de los patógenos son erradicados.

- **Erradicación de patógenos a través del calor:** El mecanismo es sencillo. La aplicación de calor a través de la ebullición altera la integridad estructural de los microorganismos. Si bien la ebullición no elimina los contaminantes químicos, proporciona un medio práctico y accesible para garantizar la seguridad microbiana. Esta simplicidad se vuelve especialmente valiosa en situaciones en las que el acceso a una infraestructura sofisticada de tratamiento de agua es limitado.

- **Consideraciones de altitud:** En regiones con altitudes más altas, donde el agua hierve a temperaturas más bajas debido a la reducción de la presión atmosférica, el tiempo de ebullición recomendado se extiende para garantizar la erradicación completa de patógenos. Hervir durante al menos un minuto (o tres minutos en altitudes más altas) se convierte en la regla de oro, reafirmando la simplicidad y eficacia de esta práctica milenaria.

Desde la radiante elegancia de la purificación UV hasta el legado probado de la cloración y la simplicidad de la ebullición, cada técnica se erige como un centinela, garantizando que el agua de lluvia recolectada llegue a su destino final libre de amenazas microbianas. En este proceso de desinfección, la tradición se encuentra con la innovación, y la simplicidad se entrelaza con la sofisticación, creando un viaje armonioso desde los cielos hasta la sed humana.

Importancia de las pruebas y el mantenimiento regulares

En el viaje de la gota de lluvia al vaso para beber, donde los métodos avanzados de filtración y desinfección son los guardianes, las pruebas y el mantenimiento regulares son primordiales. Las pruebas posteriores al tratamiento y el mantenimiento del sistema garantizan la seguridad y la calidad sostenidas del agua de lluvia recolectada. Desde el delicado equilibrio de los niveles de cloro residual hasta los controles vigilantes del contenido microbiano, este proceso iterativo es el salvavidas que salvaguarda la calidad del agua a lo largo del tiempo.

Pruebas posteriores al tratamiento

Después de que el agua de lluvia se somete a una filtración y desinfección avanzadas, las pruebas posteriores al tratamiento arrojan luz sobre las amenazas invisibles que persisten a pesar de las formidables defensas de la purificación y cloración UV. Desde el delicado equilibrio de los niveles de cloro residual hasta los controles vigilantes del contenido microbiano y la calidad general del agua, las pruebas posteriores al tratamiento garantizan la seguridad y la calidad continuas del agua de lluvia recolectada.

- **Niveles de cloro residual**: Cuando se utiliza el método de cloración, es fundamental lograr el equilibrio de los niveles de cloro residual. El cloro residual es su señal contra el resurgimiento microbiano. Muy poco, y el agua se vuelve vulnerable a la contaminación. Por otro lado, con demasiado cloro, el sabor y la seguridad del agua se ven comprometidos.

- **Contenido microbiano:** Las pruebas de contenido microbiano profundizan en el universo microscópico, donde persisten patógenos invisibles. Incluso los métodos de filtración más avanzados dejan rastros de microorganismos. Las pruebas posteriores al tratamiento garantizan que estas amenazas invisibles queden expuestas y neutralizadas, lo que refuerza la seguridad microbiana del agua de lluvia.

- **Calidad general del agua:** Más allá de los componentes individuales, las pruebas generales de calidad del agua proporcionan una evaluación integral. Parámetros como el pH, la turbidez y el oxígeno disuelto contribuyen a la comprensión holística de la calidad del agua. Las evaluaciones periódicas garantizan que el agua siga siendo agradable al gusto y libre de características indeseables.

- **Refinamiento iterativo:** La naturaleza iterativa de las pruebas posteriores al tratamiento es la clave para mantener la calidad del agua a lo largo del tiempo. No se trata de una validación única, sino de un proceso de refinamiento continuo. A medida que cambian las condiciones ambientales, se producen variaciones estacionales y la red de distribución de agua evoluciona, las pruebas periódicas se adaptan a esta dinámica, asegurando que los estándares de seguridad establecidos para el agua de lluvia se cumplan de manera consistente.

Mantenimiento del sistema

Los filtros, las lámparas UV y todo el sistema de tratamiento de agua de lluvia requieren una atención atenta para mantener su efectividad. Esta sección explora cómo el mantenimiento regular garantiza que los guardianes de la pureza continúen manteniendo su papel en la eliminación de impurezas y microorganismos. También arroja luz sobre la importancia de las revisiones periódicas y los reemplazos de las lámparas UV, aquellas que protegen contra las amenazas microbianas.

- **Filtros:** Los filtros, los guardianes de la pureza en el proceso de tratamiento del agua de lluvia, requieren una atención vigilante. Con el tiempo, acumulan partículas y contaminantes, disminuyendo su efectividad. La limpieza o sustitución periódica garantiza que el sistema de filtración siga manteniendo su función de eliminación de impurezas y microorganismos.

- **Lámparas UV**: En la purificación UV, la eficacia de las lámparas UV es fundamental. Estas lámparas emiten una potente luz UV-C que daña el ADN de los microorganismos. Las comprobaciones periódicas y, si es necesario, las sustituciones garantizan que el sistema de purificación UV siga siendo una barrera formidable contra las amenazas microbianas.

- **Vigilancia del sistema**: Descuidar el mantenimiento del sistema significa que está dejando las puertas sin vigilancia. A medida que los filtros se obstruyen y las lámparas UV se atenúan, todo el sistema de recolección y tratamiento de agua de lluvia se vuelve susceptible a una disminución en la efectividad. Un sistema comprometido pone en peligro la calidad del agua y plantea riesgos para la salud humana.

- **El enfoque proactivo**: El mantenimiento del sistema no es una respuesta reactiva a los problemas. Es un enfoque proactivo para mantener la integridad de toda la infraestructura de tratamiento de aguas pluviales. Las revisiones periódicas, los reemplazos programados y la vigilancia del estado general del sistema se convierten en las medidas proactivas que evitan posibles problemas antes de que comprometan la seguridad del agua potable.

Las pruebas posteriores al tratamiento y el mantenimiento del sistema encarnan un compromiso continuo con la pureza. Es una promesa para salvaguardar el viaje, desde las gotas de lluvia hasta el vaso para beber, contra amenazas invisibles y el desgaste del sistema. En este compromiso, la tradición se encuentra con la innovación, y la simplicidad se entrelaza con la sofisticación. Crea un equilibrio armonioso que garantiza la seguridad y la calidad sostenidas del agua de lluvia recolectada para las generaciones venideras.

Comprender la calidad del agua local sienta las bases para un enfoque específico, mientras que los métodos de filtración avanzados adaptan el proceso de purificación a la potabilidad. Las técnicas de desinfección, ya sea a través de la purificación UV, la cloración o la ebullición, conducen a la seguridad. Las pruebas y el mantenimiento regulares deben ser la piedra angular para mantener la promesa de agua potable segura.

Capítulo 10: Un futuro sostenible – Técnicas de conservación moderna

Frente a los crecientes desafíos globales, como la escasez de agua y el cambio climático, la recolección de agua de lluvia representa la esperanza de un futuro sostenible. Este último capítulo explora la importancia contemporánea de la recolección de agua de lluvia y las últimas innovaciones en el uso sostenible del agua. Descubrirás cómo se integra en esfuerzos de conservación más amplios. A medida que navegas por el intrincado panorama de la conservación moderna, este capítulo tiene como objetivo inspirarte a ver sus esfuerzos de recolección de agua de lluvia como contribuciones integrales a un movimiento global hacia la administración ambiental.

Comprender los desafíos globales

La escasez de agua, que antes era una preocupación limitada a regiones específicas, ahora se ha convertido en un problema mundial crítico. El aumento de la urbanización, junto con el crecimiento de la población y las prácticas ineficientes de gestión del agua, ha ejercido una presión sin precedentes sobre los recursos hídricos de este planeta. Frente a esta creciente crisis, la recolección de agua de lluvia ofrece un enfoque descentralizado y sostenible para aumentar el suministro de agua.

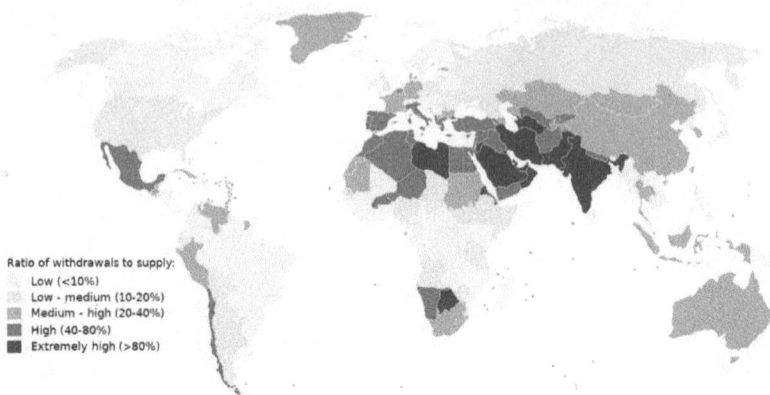

La escasez de agua, que antes era una preocupación limitada a regiones específicas, ahora se ha convertido en un problema mundial crítico
Genetics4good, GFDL <http://www.gnu.org/copyleft/fdl.html>, vía Wikimedia Commons: https://commons.wikimedia.org/wiki/File:Water_stress_2019_WRI.png

El catalizador de este imperativo global no es otro que el cambio climático. Este fenómeno ha provocado alteraciones significativas en los patrones de precipitación, un aumento en la frecuencia de eventos climáticos extremos y una exacerbación de la escasez de agua en varias regiones. Para hacer frente a estos desafíos, la recolección de agua de lluvia se erige como una estrategia de mitigación y una respuesta resiliente a los cambios impredecibles en los patrones climáticos.

La creciente crisis de escasez de agua

Los factores entrelazados de la rápida urbanización y el crecimiento de la población han aumentado drásticamente la demanda de agua. En muchas regiones, las fuentes tradicionales de agua son incapaces de satisfacer esta creciente demanda, lo que lleva a una escasez de agua que se extiende más allá de los límites geográficos. La urgencia de la situación se ve magnificada por las prácticas ineficientes de gestión del agua que agotan aún más los recursos hídricos disponibles.

A diferencia de los sistemas centralizados de suministro de agua, que a menudo tienen dificultades para hacer frente a la creciente demanda, la recolección de agua de lluvia proporciona una solución descentralizada. Al capturar y utilizar el agua de lluvia a nivel local, las comunidades pueden reducir su dependencia de la sobrecargada infraestructura hídrica y aprovechar una fuente sostenible que se repone con cada lluvia.

Cambio climático

Los impactos del cambio climático en los recursos hídricos son profundos y multifacéticos. La alteración de los patrones de precipitación conduce a una disponibilidad irregular de agua, por lo que es esencial que las comunidades adapten sus estrategias de gestión del agua. Los fenómenos meteorológicos extremos, como las sequías y las inundaciones, intensifican aún más los problemas de la escasez de agua, lo que pone de relieve la necesidad de adoptar medidas inmediatas y proactivas.

Al capturar el agua de lluvia, las comunidades pueden desarrollar resiliencia frente a las incertidumbres asociadas con los patrones climáticos cambiantes. La naturaleza descentralizada de la recolección de agua de lluvia se alinea perfectamente con el llamado a medidas de adaptación frente al cambio climático.

Innovaciones en el uso sostenible del agua

A medida que el mundo se enfrenta al apremiante desafío de la escasez de agua, están surgiendo soluciones innovadoras para revolucionar la forma en que las personas usan y gestionan el agua. Una de esas vías de progreso se encuentra en la construcción sostenible y las prácticas agrícolas. Los diseños de edificios ecológicos y los métodos avanzados de riego están remodelando el enfoque global de la conservación del agua.

Diseños de edificios ecológicos

En la búsqueda de un uso sostenible del agua, los esfuerzos de conservación se están extendiendo más allá de lo convencional. Los arquitectos modernos están adoptando un cambio de paradigma al integrar a la perfección la naturaleza en los diseños de los edificios. Los diseños de edificios ecológicos van más allá de la estética al transformar las estructuras en ecosistemas sostenibles. Los jardines en las azoteas, las superficies permeables y las estructuras autodrenantes son elementos de un enfoque holístico para la conservación del agua.

Los jardines en las azoteas, por ejemplo, tienen un doble propósito. Mejoran la captación de agua de lluvia al proporcionar una superficie natural para la acumulación de agua y contribuyen a la biodiversidad urbana. Estos oasis verdes crean hábitats para plantas e insectos, fomentando un ecosistema urbano más saludable. Además, las superficies permeables permiten que el agua de lluvia se infiltre en el suelo, reponiendo los acuíferos y reduciendo la escorrentía superficial que puede provocar inundaciones.

La integración de estructuras autodrenantes es otra innovación en el diseño de edificios ecológicos. Estas estructuras están diseñadas para gestionar eficientemente el agua de lluvia, alejándola de los edificios y dirigiéndola hacia los sistemas de recolección. Al hacerlo, mitigan el efecto isla de calor urbano, contribuyendo a un entorno urbano más fresco y sostenible.

Métodos de riego avanzados

La agricultura, un sector que consume una parte importante del suministro mundial de agua, está experimentando una revolución transformadora en los métodos de riego. La agricultura de precisión, impulsada por la tecnología, está a la vanguardia de este cambio. El objetivo clave es suministrar agua exactamente donde y cuando se necesita, optimizando el uso y minimizando el desperdicio.

La integración del agua de lluvia en sistemas de riego avanzados mejora aún más su eficiencia. Al capturar y utilizar el agua de lluvia, los agricultores están reduciendo su dependencia de las fuentes de agua tradicionales, mitigando el impacto en los ecosistemas locales. Este enfoque fomenta un modelo más sostenible de producción de alimentos.

La agricultura de precisión utiliza sensores, análisis de datos y sistemas automatizados para monitorear y administrar las condiciones de los cultivos. Este enfoque basado en datos permite a los agricultores tomar decisiones informadas sobre el riego, optimizando el uso del agua para obtener el máximo rendimiento de los cultivos. Al adoptar la agricultura de precisión e incorporar el agua de lluvia en estos sistemas, la humanidad avanza hacia un futuro más sostenible y eficiente en el uso del agua para la agricultura mundial.

Beneficios ambientales sinérgicos a través de la integración

El verdadero potencial de la recolección de agua de lluvia radica en su capacidad para crear sinergia con otras prácticas de conservación. Esta sección explora el impacto transformador de la integración de la recolección de agua de lluvia con técnicas como el reciclaje de aguas grises, los diseños de permacultura y el paisajismo sostenible. Es hora de que comprendas cómo la creación de un ecosistema holístico se extiende más allá de las preocupaciones inmediatas sobre el suministro de agua.

Reciclaje de aguas grises

La recolección de agua de lluvia, cuando se integra a la perfección con el reciclaje de aguas grises, forma un poderoso dúo en la gestión sostenible del agua. Las aguas grises, derivadas de actividades cotidianas como lavar la ropa y bañarse, complementan el agua de lluvia al proporcionar una fuente adicional para usos no potables. Al combinar estas dos fuentes, las comunidades pueden reducir significativamente su dependencia de los suministros tradicionales de agua, aliviando la carga sobre los recursos hídricos agotados.

Los sistemas de reciclaje de aguas grises capturan, tratan y reutilizan el agua que, de otro modo, se desperdiciaría. Cuando esta agua reciclada se sincroniza con la recolección de agua de lluvia, se crea un sistema de gestión del agua cíclico y eficiente. Esta sinergia promueve un estilo de vida más sostenible, destacando la interconexión de varias fuentes de agua.

Diseños de permacultura

La integración de la recolección de agua de lluvia con los diseños de permacultura lleva el concepto de sostenibilidad a otro nivel. Los principios de la permacultura guían la creación de entornos autosuficientes que imitan los ecosistemas naturales. Al armonizar la recolección de agua de lluvia con la permacultura, se crean paisajes que fomentan la biodiversidad, enriquecen la salud del suelo y promueven la agricultura regenerativa.

La permacultura enfatiza el trabajo con la naturaleza en lugar de contra ella. A través de un diseño cuidadoso, el agua de lluvia se dirige a nutrir las plantas, apoyar los bosques alimentarios y crear microclimas que mejoran la resiliencia general del ecosistema. Este enfoque contribuye a la creación de entornos de vida vibrantes y sostenibles.

Restauración de ecosistemas

El impacto de la recolección de agua de lluvia va mucho más allá de satisfacer las necesidades inmediatas de agua. Se convierte en un catalizador para la restauración de los ecosistemas, desempeñando un papel crucial en la preservación de los hábitats naturales. Al reponer los niveles de agua subterránea y apoyar la salud de ríos y lagos, la recolección de agua de lluvia contribuye al bienestar general de los ecosistemas.

Cuando se integra con otras prácticas de conservación, la recolección de agua de lluvia se convierte en una fuerza para el cambio positivo. Fomenta la resiliencia de ecosistemas enteros, asegurando la salud de la flora y la fauna que dependen de fuentes de agua sostenibles. Este enfoque interconectado es un recordatorio de que sus esfuerzos no se tratan solo de asegurar el agua para hoy, sino de crear un legado de administración ambiental para las generaciones venideras.

Un movimiento global hacia la sostenibilidad

En la búsqueda de la sostenibilidad, muchos países están reconociendo el profundo impacto de sus acciones. Adoptar la recolección de agua de lluvia como una narrativa de conservación más amplia transforma a las personas de observadores pasivos a participantes activos en un movimiento global hacia la sostenibilidad.

Acciones individuales, impacto global

La recolección de agua de lluvia, cuando se adopta a nivel individual, va más allá de la seguridad hídrica personal. Se convierte en la piedra angular de un movimiento global hacia la sostenibilidad. El efecto acumulativo de innumerables personas que adoptan prácticas de recolección de agua de lluvia tiene un profundo impacto. Crea una red de esfuerzos interconectados que trascienden las fronteras geográficas. Influye en la salud de ecosistemas enteros y contribuye a la narrativa más amplia de la responsabilidad ambiental.

Las personas que adoptan la recolección de agua de lluvia reconocen que sus acciones son parte de un ecosistema más amplio. Al capturar y utilizar el agua de lluvia, contribuye a la conservación de las fuentes de agua tradicionales, aliviando la presión sobre los suministros de agua locales. Asegura el agua para uso personal y salvaguarda el delicado equilibrio de los ecosistemas que dependen de fuentes de agua sostenibles.

Participación y defensa de la comunidad

El poder de la recolección de agua de lluvia se extiende más allá de su utilidad inmediata. Cataliza la participación y la defensa de la comunidad. Las personas que han experimentado los beneficios de la recolección de agua de lluvia a menudo se convierten en apasionados defensores de las prácticas sostenibles del agua. Compartir historias de éxito, promover la conciencia y colaborar en iniciativas de conservación más grandes crea un efecto dominó que amplifica el impacto de la recolección de agua de lluvia.

Las comunidades que se unen para adoptar la recolección de agua de lluvia inician un ciclo de retroalimentación positiva. A medida que se difunde la concienciación, más personas se inspiran para adoptar estas prácticas, lo que crea una oleada de apoyo para la gestión sostenible del agua. Este enfoque impulsado por la comunidad fortalece la resiliencia local y contribuye a un cambio cultural más amplio hacia la sostenibilidad.

Iniciativas educativas: Formando a los futuros administradores

El camino hacia un futuro sostenible pasa por la educación y el empoderamiento. La recolección de agua de lluvia ofrece una excelente oportunidad para integrar la sostenibilidad en los planes de estudio educativos y los programas de alcance comunitario. La incorporación de esta práctica en la experiencia de aprendizaje cultivará una nueva generación de administradores ambientales.

Las iniciativas educativas centradas en la recolección de agua de lluvia van más allá de la teoría. Proporcionan conocimientos prácticos que permiten a las personas marcar una diferencia tangible. A medida que los estudiantes y los miembros de la comunidad aprenden sobre el impacto ambiental de sus elecciones, se convierten en contribuyentes activos a un futuro sostenible. Estos futuros líderes llevarán la antorcha hacia adelante, asegurando que el espíritu de la sostenibilidad se convierta en una parte integral de la conciencia colectiva.

El movimiento global hacia la sostenibilidad no es un concepto abstracto, sino un esfuerzo colectivo basado en acciones individuales. La recolección de agua de lluvia, cuando es adoptada por individuos y comunidades, se convierte en una fuerza poderosa en este movimiento. Desde asegurar las necesidades personales de agua hasta influir en la salud de los ecosistemas y abogar por una conservación ambiental más amplia, el efecto dominó de la recolección de agua de lluvia está dando forma a un mundo más sostenible. A medida que educas, te involucras y abogas, cultivas un legado de administración ambiental para las generaciones venideras.

Conclusión: Un llamado a la acción

Al concluir esta exploración de la recolección de agua de lluvia y la conservación moderna, es esencial reconocer el potencial transformador que está a su alcance. La captación de agua de lluvia es algo más que una técnica. Es una filosofía que reconoce la interconexión de las acciones humanas con la salud del planeta.

7 formas en que la recolección de agua de lluvia es beneficiosa para el futuro

Desde garantizar la seguridad hídrica hasta fomentar la resiliencia de los ecosistemas, la recolección de agua de lluvia es una práctica versátil y esencial. Estas son algunas de las formas en que la integración de técnicas de sostenibilidad y conservación amplifica los beneficios de la recolección de agua de lluvia, creando un enfoque armonioso para la gestión de los recursos.

1. Seguridad e independencia hídrica

El beneficio principal y más inmediato de la recolección de agua de lluvia es la garantía de la seguridad hídrica. A medida que la población crece y las fuentes tradicionales de agua se agotan, la captación de agua de lluvia proporciona un suministro de agua descentralizado y fiable. Los sistemas de recolección en los techos, por ejemplo, permiten a las personas y a las comunidades recolectar agua de lluvia para diversos usos, desde las necesidades domésticas hasta el riego agrícola.

La independencia hídrica es particularmente crucial en regiones con infraestructuras poco fiables o vulnerables a la sequía. Al recolectar agua de lluvia, puede mitigar el impacto de la escasez de agua, asegurando una fuente de agua continua y confiable, incluso en climas áridos.

2. Mitigación del efecto isla de calor urbano

Las áreas urbanas a menudo experimentan temperaturas más altas que sus contrapartes rurales, creando lo que se conoce como el efecto de isla de calor urbano. La captación de agua de lluvia, especialmente cuando se integra en los diseños de edificios ecológicos, contribuye a mitigar este efecto isla de calor.

Los techos verdes y las superficies permeables, comúnmente asociadas con las prácticas de recolección de agua de lluvia, brindan sombra, reducen las temperaturas de la superficie y mejoran los microclimas urbanos en general. Al disminuir el efecto isla de calor, la captación de agua de lluvia contribuye a crear entornos urbanos más confortables y sostenibles.

3. Mejora de la biodiversidad a través del paisajismo sostenible

La recolección de agua de lluvia se extiende más allá de la recolección de agua. Implica un enfoque holístico del paisajismo que mejora la biodiversidad. Las prácticas de paisajismo sostenible que integran la recolección de agua de lluvia crean entornos que sustentan una variedad de plantas y vida animal.

La utilización de agua de lluvia para el paisajismo reduce la dependencia de los métodos de riego tradicionales, conservando el agua y fomentando un ecosistema más saludable. Las plantas nativas, adaptadas a los climas locales, prosperan con el agua de lluvia, atrayendo a una vida silvestre diversa y contribuyendo a la preservación de la biodiversidad local.

4. Salud del suelo y agricultura regenerativa

La recolección de agua de lluvia juega un papel crucial en la promoción de la salud del suelo y la agricultura regenerativa. Al capturar el agua de lluvia y dirigirla a los campos agrícolas, los agricultores reducen su dependencia de fuentes de agua insostenibles y adoptan prácticas de riego más respetuosas con el medio ambiente.

La reposición de la humedad del suelo a través de la recolección de agua de lluvia contribuye a mejorar la estructura y fertilidad del suelo. Esto, a su vez, apoya las prácticas agrícolas sostenibles, reduce la erosión del suelo y mejora la resiliencia general de los ecosistemas agrícolas.

5. Mitigación de riesgos de inundación y gestión de aguas pluviales

En las zonas urbanas, las fuertes lluvias suelen provocar inundaciones y ejercer presión sobre los sistemas de gestión de aguas pluviales. La recolección de agua de lluvia actúa como una solución natural para mitigar estos riesgos al reducir la escorrentía superficial.

Cuando el agua de lluvia se recolecta y se usa en el sitio, menos agua ingresa a los desagües de aguas pluviales, lo que reduce el riesgo de inundaciones. Además, el proceso de recolección de agua de lluvia ayuda a filtrar las impurezas, reduciendo la carga sobre la infraestructura de gestión de aguas pluviales y mejorando la calidad del agua.

6. Ahorro de energía y costes

La recolección de agua de lluvia conduce a ahorros de energía y costos. Los sistemas tradicionales de suministro de agua, que implican el bombeo y el tratamiento del agua para su distribución, consumen cantidades significativas de energía. El uso de agua de lluvia recolectada localmente disminuye la demanda de suministro centralizado de agua, lo que resulta en un menor consumo de energía y menores costos de servicios públicos.

7. Preparación ante la sequía y resiliencia climática

A medida que el cambio climático provoca sequías más frecuentes y severas, la recolección de agua de lluvia se convierte en una herramienta vital para la preparación ante la sequía y la resiliencia climática. Al capturar el agua de lluvia en épocas de abundancia, las comunidades pueden construir embalses para su uso durante los períodos más secos.

Este enfoque proactivo de la gestión del agua contribuye a la resiliencia climática, garantizando un suministro de agua más fiable frente a los cambios en los patrones meteorológicos. La recolección de agua de lluvia actúa como un amortiguador contra las incertidumbres asociadas con el cambio climático.

Como individuos, comunidades y sociedades, el compromiso con la recolección de agua de lluvia es un compromiso con un futuro sostenible. Es un reconocimiento de que cada gota salvada hoy es un regalo para las generaciones del mañana. El viaje hacia la sostenibilidad es un esfuerzo colectivo en el que cada gota de lluvia cosechada se convierte en un símbolo de esperanza, resiliencia y la promesa de un planeta próspero para todos.

Vea más libros escritos por Dion Rosser

COMPOSTAJE Y LOMBRICULTURA

TODO LO QUE NECESITA SABER SOBRE
LA ELABORACIÓN DE UN ABONO ORGÁNICO,
LA LOMBRICULTURA, EL VERMICOMPOSTAJE
Y LA FABRICACIÓN DE CONTENEDORES
PARA LOMBRICES

DION ROSSER

Referencias

Cemento, J. K. (2023, 11 de agosto). Métodos, técnicas y consejos para la recolección de agua de lluvia. Cemento JK. https://www.jkcement.com/blog/construction-planning/rain-water-harvesting-techniques/

Componentes de un sistema de captación de agua de lluvia. (s.f.). Rainwaterharvesting.org. http://www.rainwaterharvesting.org/Urban/Components.htm

Captación de agua de lluvia. (s.f.). Recolección de agua de lluvia para tierras secas y más allá por Brad Lancaster. Recolección de agua de lluvia para tierras secas y más allá por Brad Lancaster. https://www.harvestingrainwater.com/

Redacción de Vivienda. (2023, 12 de junio). Recolección de agua de lluvia: importancia, técnicas, pros y contras. Noticias de Vivienda. https://housing.com/news/different-rain-water-harvesting-methods/

Maxwell-Gaines, C. (2004, 3 de abril). Captación de agua de lluvia 101. Soluciones Innovadoras de Agua LLC. https://www.watercache.com/education/rainwater-harvesting-101

Ogale, S. (2023). Sistema de captación de agua de lluvia. En Enciclopedia Británica.

Sistema de recolección de agua de lluvia: pasos, ventajas y tipos. (s.f.). Ultratechcement.com. https://www.ultratechcement.com/for-homebuilders/home-building-explained-single/descriptive-articles/the-steps-to-an-efficient-rainwater-harvesting-system

Captación de agua de lluvia. (2016, 6 de enero). BYJUS; BYJU'S. https://byjus.com/biology/rainwater-harvesting/

Estudio de caso de Ruchi Singhal. (s.f.). Captación de agua de lluvia. Cseindia.org. https://www.cseindia.org/rainwater-harvesting-1272

Sarkar, S. K., & Tigala, S. (27 de octubre de 2022). Recolectar agua de lluvia para la seguridad hídrica. Línea de negocio. https://www.thehindubusinessline.com/opinion/harvest-rainwater-for-water-security/article66060897.ece

Vartan, S. (2020, 4 de diciembre). Una guía para principiantes sobre la recolección de agua de lluvia. Abrazador de árboles. https://www.treehugger.com/beginners-guide-to-rainwater-harvesting-5089884

Conservación del agua: Captación de agua de lluvia. (s.f.). Mygov.In. https://blog.mygov.in/water-conservation-rainwater-harvesting/

www.ingramcontent.com/pod-product-compliance
Lightning Source LLC
Chambersburg PA
CBHW070150310326
41914CB00089B/777